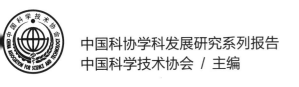

中国科协学科发展研究系列报告
中国科学技术协会 / 主编

U0156766

REPORT ON ADVANCES IN TECHNOLOGIES OF
BARREL WEAPONS

2020—2021
兵器科学技术
学科发展报告
身管兵器技术

中国兵工学会　编著

中国科学技术出版社
·北 京·

图书在版编目（CIP）数据

2020—2021兵器科学技术学科发展报告.身管兵器技术/中国科学技术协会主编；中国兵工学会编著.--北京：中国科学技术出版社，2022.5

（中国科协学科发展研究系列报告）

ISBN 978-7-5046-9541-3

Ⅰ.①2… Ⅱ.①中…②中… Ⅲ.①武器—技术发展—研究报告—中国—2020-2021 Ⅳ.①TJ-12

中国版本图书馆CIP数据核字（2022）第060793号

策　　划	秦德继	
责任编辑	赵　佳	
封面设计	中科星河	
正文设计	中文天地	
责任校对	邓雪梅	
责任印制	李晓霖	

出　　版	中国科学技术出版社	
发　　行	中国科学技术出版社有限公司发行部	
地　　址	北京市海淀区中关村南大街16号	
邮　　编	100081	
发行电话	010-62173865	
传　　真	010-62173081	
网　　址	http://www.cspbooks.com.cn	

开　　本	787mm×1092mm　1/16	
字　　数	265千字	
印　　张	12.5	
版　　次	2022年5月第1版	
印　　次	2022年5月第1次印刷	
印　　刷	河北鑫兆源印刷有限公司	
书　　号	ISBN 978-7-5046-9541-3 / TJ·11	
定　　价	68.00元	

2020—2021

兵器科学技术学科发展报告：身管兵器技术

首席科学家　　钱林方

顾　　　问　　毛　明　李魁武

专家组成员　　邱志明　芮筱亭　冯煜芳　李居正　韩珺礼

　　　　　　　缪文民　姚军奎　钱立志　毛保全　吴志林

　　　　　　　董文祥　许耀峰　马春茂　张　春　周长军

编写组负责人及成员　（按姓氏笔画排序）

　　　　　　　王　越　王　瑞　王大森　王文智　王屹华

　　　　　　　王旭刚　王振明　王惠方　王满意　石春明

　　　　　　　白天明　乔自平　刘红庆　刘朋科　闫利君

　　　　　　　苏子舟　杜忠华　李　伟　李　军　李　勇

　　　　　　　李　娟　李　强　李　瑞　杨　维　杨建民

　　　　　　　吴永胜　余永刚　邹　权　宋小雷　张　蕾

　　　　　　　张庆霞　张国平　张明安　陈龙森　陈红彬

国　伟　　罗宏松　　金龙文　　周　宇　　郑　威
郑　健　　赵　刚　　赵　凯　　赵　娜　　赵　涛
赵建中　　侯保林　　姚　忠　　徐亚栋　　高小科
鲁军勇　　谢凤娟　　翟少波　　潘　军　　樵军谋

学术秘书　王兆旭　张　龙　孙　岩　殷宏斌

序

学科是科研机构开展研究活动、教育机构传承知识培养人才、科技工作者开展学术交流等活动的重要基础。学科的创立、成长和发展，是科学知识体系化的象征，是创新型国家建设的重要内容。当前，新一轮科技革命和产业变革突飞猛进，全球科技创新进入密集活跃期，物理、信息、生命、能源、空间等领域原始创新和引领性技术不断突破，科学研究范式发生深刻变革，学科深度交叉融合势不可挡，新的学科分支和学科方向持续涌现。

党的十八大以来，党中央作出建设世界一流大学和一流学科的战略部署，推动中国特色、世界一流的大学和优势学科创新发展，全面提高人才自主培养质量。习近平总书记强调，要努力构建中国特色、中国风格、中国气派的学科体系、学术体系、话语体系，为培养更多杰出人才作出贡献。加强学科建设，促进学科创新和可持续发展，是科技社团的基本职责。深入开展学科研究，总结学科发展规律，明晰学科发展方向，对促进学科交叉融合和新兴学科成长，进而提升原始创新能力、推进创新驱动发展具有重要意义。

中国科协章程明确把"促进学科发展"作为中国科协的重要任务之一。2006 年以来，充分发挥全国学会、学会联合体学术权威性和组织优势，持续开展学科发展研究，聚集高质量学术资源和高水平学科领域专家，编制学科发展报告，总结学科发展成果，研究学科发展规律，预测学科发展趋势，着力促进学科创新发展与交叉融合。截至 2019 年，累计出版 283 卷学科发展报告（含综合卷），构建了学科发展研究成果矩阵和具有重要学术价值、史料价值的科技创新成果资料库。这些报告全面系统地反映了近 20 年来中国的学科建设发展、科技创新重要成果、科研体制机制改革、人才队伍建设等方面的巨大变化和显著成效，成为中国科技创新发展趋势的观察站和风向标。经过 16 年的持续打造，学科发展研究已经成为中国科协及所属全国学会具有广泛社会影响的学术引领品牌，受到国内外科技界的普遍关注，也受到政府决策部门的高度重视，为社会各界准确了解学科发展态势提供了重要窗口，为科研管理、教学科研、企业研发提供了重要参考，为建设高质量教育体系、培养高层次科技人才、推动高水平科技创新提供了决策依据，为科教兴国、人才强国战略实施做出了积极贡献。

2020 年，中国科协组织中国生物化学与分子生物学学会、中国岩石力学与工程学会、中国工程热物理学会、中国电子学会、中国人工智能学会、中国航空学会、中国兵工学会、中国土木工程学会、中国风景园林学会、中华中医药学会、中国生物医学工程学会、中国城市科学研究会等 12 个全国学会，围绕相关学科领域的学科建设等进行了深入研究分析，编纂了 12 部学科发展报告和 1 卷综合报告。这些报告紧盯学科发展国际前沿，发挥首席科学家的战略指导作用和教育、科研、产业各领域专家力量，突出系统性、权威性和引领性，总结和科学评价了相关学科的最新进展、重要成果、创新方法、技术进步等，研究分析了学科的发展现状、动态趋势，并进行国际比较，展望学科发展前景。

在这些报告付梓之际，衷心感谢参与学科发展研究和编纂学科发展报告的所有全国学会以及有关科研、教学单位，感谢所有参与项目研究与编写出版的专家学者。同时，也真诚地希望有更多的科技工作者关注学科发展研究，为中国科协优化学科发展研究方式、不断提升研究质量和推动成果充分利用建言献策。

中国科协党组书记、分管日常工作副主席、书记处第一书记
中国科协学科发展引领工程学术指导委员会主任委员
张玉卓

前言

　　兵器科学与技术学科包括装甲兵器、身管兵器、制导兵器、弹药、水中兵器和含能材料等技术学科。自 2008 年以来，中国兵工学会已经连续组织出版了五部《兵器科学技术学科发展报告》，报告全面地反映了我国兵器科学技术的发展现状、优势和特点，分析了与国际先进水平之间存在的差距，在国内外引起了较大的反响，受到从事兵器及相关学科研究设计、生产使用、教学和管理的科技工作者的欢迎。

　　身管兵器技术涵盖身管兵器总体、发射、控制、综合信息管理技术、运载平台、新概念发射、材料与制造等专业技术，主要应用于压制火炮、舰炮、火箭炮、高炮、突击炮、机载炮等身管兵器装备的研制。身管兵器是集机械、电气、信息、控制等技术于一身的武器系统，是战场上常规武器的火力骨干，主要用于摧毁敌方的防御设施，杀伤有生力量、装甲车辆、空中飞行器等目标；防御时用于构成密集的火力网，阻拦敌方从空中、地面、海上的进攻。身管兵器的现状与未来发展对我国国防建设和增强我国国际军事影响力具有重大意义。目前身管兵器正在向自动化、信息化、智能化发展，对总体和相关技术领域的创新发展提出了崭新要求。

　　《2020—2021 兵器科学技术学科发展报告（身管兵器技术）》由综合报告和总体、发射、控制、综合信息管理、运载平台、新概念发射、材料与制造共七个专题报告组成，系统地阐述了我国身管兵器技术发展现状，重点关注了近五年的最新进展；比较了我国身管兵器技术与国外先进水平的差距；分析了身管兵器技术未来发展趋势，提出了加强我国身管兵器技术学科建设的措施。本报告由钱林方研究员担任首席科学家，毛明院士、李魁武院士担任顾问，西北机电工程研究所、南京理工大学、中国兵器科学研究院、中国兵器装备研究院、海军工程大学、西北工业大学、陆军研究院等单位的专家教授参加了编写，编写过程得到了中国兵器工业集团公司、中国兵器装备集团公司相关研究院所、企业的高度重视和大力支持，并提供了相关素材。在此，谨向为身管兵器技术学科发展研究工作的开展和报告的撰写给予关心、支持、建议、帮助的单位和个人致以衷心的感谢！

中国兵工学会

2021 年 10 月

目录
CONTENTS

序 / 张玉卓

前言 / 中国兵工学会

综 合 报 告

专 题 报 告

ABSTRACTS

Comprehensive Report

Report on Special Topics

综合报告

身管兵器技术发展现状与趋势

一、引言

身管兵器是以化学能、电能或其他形式能量为能源，采用炮管、枪管、发射筒、定向器等管形结构，将炮弹、火箭弹、枪弹发送出去，对目标产生毁伤效果的武器。典型的身管兵器包含火炮、火箭炮以及枪械等，随着科学技术发展，身管兵器的内涵和外延正在不断拓展，逐渐发展出电磁炮、电热炮等新概念身管兵器。

身管兵器按类型主要分为枪械、火炮和火箭炮。枪械是指口径在 20mm 以下的兵器；火炮是指口径在 20mm 及 20mm 以上的兵器；火箭炮是发射火箭弹的多联发射装置。

枪械有多种分类方法。按口径的大小，分为小口径枪（6mm 以下）、普通口径枪（6～12mm）和大口径枪（12mm 以上）；按自动化程度，分为非自动、半自动和全自动；按战斗任务，分为手枪、冲锋枪、步枪、机枪以及特种枪；按弹药的入膛方位，分为前装枪和后装枪；按弹膛数目，分为单膛枪和多膛枪。

火炮也有多种分类方法。按口径大小，分为小口径、中口径、大口径和超大口径火炮；按其用途或运用方式，分为压制、突击、防空、海上与空中作战、班组及单兵作战以及特种作战兵器；按弹道类型或特征，分为加农炮、迫击炮、榴弹炮、加榴炮、迫榴炮以及无坐力炮等。加农炮的身管长、初速高、弹道低伸，适用于对装甲目标、空中与海上目标射击；迫击炮初速小、弹道弯曲，主要用于歼灭近距离遮蔽物后的目标；榴弹炮弹道性能介于加农炮和迫击炮之间；加榴炮兼具加农炮和榴弹炮两种弹道特性；迫榴炮兼具迫击炮和榴弹炮两种弹道特性；无坐力炮是一种利用后喷物质的动量抵消后坐阻力使炮身无后坐的火炮，其体积小、重量轻、结构简单，适于伴随步兵作战。

火箭炮按运动方式，分为自行式、牵引式和便携式三类，自行式又分为履带式和轮式；按射程，分为中近程火箭炮和远程火箭炮。

目前发展的新概念、新能源身管兵器主要是电炮。电炮按发射方式又分为电热化学炮、电磁轨道炮和电磁线圈炮。电热化学炮利用脉冲电源的能量及化学工质的化学能作为发射弹丸的能量；电磁轨道炮是借助脉冲电源向两根轨道和电枢构成的回路放电，产生洛伦兹力推动电枢及弹丸，电磁轨道炮的发射初速很高，一般可直接利用动能摧毁目标；电磁线圈炮是利用电源给若干同轴排列的定子线圈充电，线圈周围产生的磁场与电枢感应电流的磁场相互作用，产生洛伦兹力推动电枢及弹丸，定子线圈所需电流比电磁轨道炮小，能量利用率高，适用于加速大质量物体。

身管兵器是兵器科学与技术最具特色的学科之一，其工作过程包含了一系列非常复杂的物理、化学或电磁转化过程及现象，涉及机械、能源、动力、燃烧、流体、结构、电气、控制、材料、信息等多个学科。以典型的火炮发射过程为例，在极短（毫秒级）的时间内经历了点火、火药燃烧、气体生成、弹丸运动等物理和化学过程；内膛表面在火药燃气压力和温升作用下同时伴随材料氧化、相变、烧蚀、冲刷、机械磨损以及冲击碰撞等；后坐过程中，炮身和炮架通过固、液、气等多方式组合，缓冲并抵消高能发射产生的冲击力，同时伴随引发火炮位移和振动；弹丸飞离膛口过程中，火药燃气急剧膨胀产生冲击波、膛口噪声与膛口烟焰等。上述射击循环过程中各种作用耦合和效应叠加充分体现了身管兵器学科的特殊性及其复杂性。

在军事需求牵引和现代科学技术发展的双重推动下，身管兵器已经发展成集火力、信息、控制、动力、防护等多种技术于一体的武器系统，广泛装备于陆、海、空、战略等各军兵种，是战场上常规武器的火力骨干。在进攻时，其主要用于摧毁敌方的防御设施，杀伤有生力量、装甲车辆、空中飞行器等目标；在防御时，其主要用于构成密集的火力网，阻拦敌方从空中、地面、海上的进攻。随着弹药技术的发展，智能弹药、修正弹药等新型弹药的广泛应用，身管兵器既能实现对面目标的高效压制，还能实现对高价值目标的精确打击。同时，炮射火箭和冲压增程制导技术日益成熟，身管兵器射程大幅提升，成为低成本、远射程、精确打击的重要力量。身管兵器已进入机械化、信息化复合的高质量快速发展时期，正在往智能化方向发展。身管兵器技术的发展，大大加快了现代陆军由火力支援兵种向精准打击兵种转型发展的步伐，成为强大国防不可或缺的骨干力量。

回顾我国身管兵器的发展历程，总结我国身管兵器在系统总体、发射技术、控制技术、综合信息管理、运载技术、新概念发射、材料制造与工艺、核心关键技术等方面取得的原创性新科研成果，分析我国身管兵器技术的发展趋势与方向，对于我国身管兵器技术的前沿引领发展，增强行业自主创新能力，加速武器装备更新换代，具有巨大推动作用。

本报告从国内最新研究进展、国内外对比分析、发展趋势及对策三个方面对身管兵器技术重点专业领域的发展状况进行了介绍。首先，回顾总结和科学评价了我国近五年身管兵器学科的新技术、新装备、新成果；其次，在研究国外身管兵器学科最新热点、前沿技术和发展趋势的基础上，重点比较、评析了我国与国外先进水平的发展差距；最后，针对我国身管兵器技术学科未来发展的战略需求，提出了重点研究方向及发展对策。

二、身管兵器学科最新研究进展

（一）身管兵器总体发展

身管兵器总体是对装备体系发展探索、体系技术跟踪、装备指标论证、装备方案优化设计和集成技术验证的总称。身管兵器总体发展水平的高低对身管兵器装备的实战性能具有重要影响。近年来我国在身管兵器总体方面取得了以下重大进展。

1. 提出"成套论证、成套研制、成套装备"发展模式，建制化发展实现战斗能力快速转化

随着现代化军事需求和装备体系的快速发展，身管兵器已经由关注单装装备战术技术性能向重视装备体系构建快速转变，身管兵器总体设计紧密围绕作战任务和能力要求，形成了贯彻落实体系顶层设计的理念，突破了以优化功能、性能配置支撑身管兵器装备体系高效设计的方法。

面向建制化装备体系构建需求，身管兵器装备体系研究形成了从"需求层次分解"到"设计开发过程迭代"再到"成套集成形成体系整体"的体系工程设计框架，以面向对象设计和面向系统设计的思想和方法为总体指导，在总结工程经验的基础上，突破了身管兵器基于模型的系统工程方法和基于模型的体系一体化设计方法，形成身管兵器由火力支援打击向远程精确打击转变的技术发展体系，支撑了我国远程压制火炮装备体系、装甲突击火炮装备体系、弹炮结合防空装备体系、新一代自动枪械体系等现代化装备体系的发展与成熟。

身管火炮方面，以155mm车载加榴炮武器系统为例，在开始研制时，就很好地贯彻了"成套论证、成套研制、成套装备"发展模式。装备以营编制论证，确定营属火力打击和保障分队的组成结构。营属保障分队由指挥车、侦察车、侦校雷达、气象雷达等组成；确定营属炮兵连打击及指挥、保障分队等配置；确定炮兵连属战炮排的车载炮、弹药车等配置。在营编制论证基础上，进行成套的产品研制，对155mm车载火炮及弹药系统等战斗装备，指挥车、侦察车、弹药输送车、侦校雷达、气象雷达等战斗保障装备，机械维修车、电子检修车、备件车、保养车、抢救抢修车等野战技术保障装备，模拟训练器等训练保障装备进行统筹论证和协调发展，将装备协同、通用化、模块化、信息共享、自组织能力提升等思路贯穿到武器系统概念与综合论证、系统总体集成与优化、系统仿真、武器效能分析和综合性能试验验证与评价中，使得主战和配套装备实现快速成套研制，并整合兵器生产资源，实现快速生产和装备，实现了营级武器系统成建制交装，减少了作战部队的二次开发应用环节，加速了作战部队战斗力形成。

自动枪械方面，全面开展新一代枪械系统研制，以手枪、冲锋枪、步枪、狙击步枪、机枪等为主要产品系列，通过自主创新和协同创新，系统性构建形成我国自动枪械的成套装备体系，全面突破各类枪械的枪管寿命和可靠自动结构技术，使各类枪械性能有了质的飞跃，实现新一代枪械系统高精度、高可靠性、高安全性、高舒适性、高系统性和长寿命，即"五高一长"。

2. 清晰"技术融合、模块通用、形式多样"发展思路，模块化发展促进作战功能加速融合

现代战场身管兵器需要打击的目标种类繁多、特点各异、复杂多变，以陆战领域为例，打击目标主要分为四种类型：①地面装甲目标，如主战坦克、火力支援战车、装甲运输车等，是战场身管兵器的主要打击对象；②空中武器平台，如武装直升机、固定翼飞机、无人机和导弹等；③高价值信息化装备，如敌方指挥所、观察所、雷达站、交通通信枢纽等重要目标和设施；④地面固定和机动目标，如敌方有生力量、技术兵器、工程设施、工事阵地及其他目标等。

为了应对战场目标多样化带来的身管兵器作战适应性挑战，我国身管兵器装备构建根据作战使用需求，提出了"技术融合、模块通用、形式多样"的装备建设系列化发展道路，一是突破多弹种弹道兼容发射技术，实现身管兵器功能融合，使身管兵器多功能化，能够执行多种任务，降低装备成本，减小后勤负担，在数量一定的情况下增加战斗力，提高战术的灵活性，如在原来中口径榴弹炮/迫击炮的基础上发展中口径多功能火炮，实现对地压制、对地直瞄及伴随防空等多种功能；二是突破身管兵器弹道规范技术，尽量减少口径系列，实现弹药和零部件通用，从而降低后勤保障难度，这就需要身管兵器着重发展几种口径、几种运载平台，且零部件实现模块化、通用化；三是突破身管兵器一体化集成技术，面向平原、山地、丘陵、沙漠等复杂战场环境，通过火力平台与多种样式运载平台的合理匹配，在身管兵器发射技术不断进步的基础上，与运载平台技术、自动化技术、信息化技术等多项技术相融合，开展运载平台与身管兵器的一体化集成设计，将上装布局上的特殊需求贯彻到运载平台架体改造、总成布置、外观造型等设计过程，主要包括确定身管兵器总体模式，综合集成发射、装填、控制、导航、通信等技术，确定身管兵器总体参数、接口及各分系统技术措施，合理分配技术指标等，在此基础上研制各型轮式、履带式、车载式、轻型牵引式、舰载式、机载式身管兵器装备。

基于"技术融合、模块通用、形式多样"发展思路，围绕精打、高毁、机动、快反、决策、防护等战场能力需求，近年来基本形成具有机械化、信息化特征的身管兵器装备，且正朝着新一代模块化、智能化特征方向发展，如大口径火炮以155mm口径榴弹炮为主要发展方向，主要提高火炮射程、射速、自动化能力、信息化水平等。自动枪械武器也呈枪族化与模块化发展方向，枪族化是使一个系列的枪械具备发射同种（类）枪弹、互换部分零部件等特征，模块化是基于模块互换理念使枪械具备功能拓展和口径转换能力。我国在枪族模块化、枪族化的研制过程中，逐渐形成了相应的设计理论和方法。

3. 重视"兼容度量、人机交互、用户体验"综合评估，体系化论证支撑装备指标不断迭代

采用基于效能评估的身管兵器总体论证方法，为合理地确定总体指标提供了具体的度量依据。但是，随着装备体系的构建和现代装备人机融合要求的不断提升，基于效能评估、体系贡献率评估以及人机系统效能评估相结合的身管兵器总体论证方法开始探索实践，为更全面、更科学地构建指标体系提供了新的技术路线。

随着我国身管兵器总体设计水平的不断提升，武器装备的核心指标已接近或达到国际先进水平，在平时训练和作战使用过程中的人机交互、用户体验逐渐成为衡量身管兵器装备的一个关键。总体论证过程中，指标体系的论证从最开始重视作战效能评估逐步向作战和使用效能评估并重的方向转变，除了对影响作战的火力打击、生存防护、机动部署等综合效能进行深入评估，还注重对影响使用的人机工效、美观造型、舱室环境、空间尺寸和人机界面、生物效应试验、生命保障系统等方面开展综合评估。

在效能度量过程中，融入作战和使用效能评估模型，开展人机交互、用户体验分析，形成科学合理的综合评估指标体系，实现对武器装备的综合效能评估。在部队训练和作战模拟过程中，良好的作战性能和使用效能是贴近战士实战需求的关键。如155mm车载榴弹炮在总体指标论证过程中充分重视作战和使用效能，凭借着优异的作战性能和舒适的人机环设计，获得战士的青睐，其出口版155mm车载榴弹炮，亦在国际军贸市场上得到认可，获得大量军贸订货。

枪械作为由士兵直接携带与使用的自动武器，其人机性较其他武器更为重要。在枪械自动武器设计时，充分考虑人的因素，达到人机合一的最佳效果。枪械人机工效设计将有关人机工程学的知识应用于枪械设计，以提高人员操作枪械的速度和准确性，简化操作、减少疲劳、便利维护，实现综合效能的快速增长。

4. 遵循"理论突破、方法改进、技术创新"指导思想，精准化设计推动装备性能实现飞跃

现代炮兵需要具备"立体作战能力、全域机动能力、精确打击能力、多能攻防能力、持续对抗能力"，由于传统基于威力设计、刚强度设计的火炮总体设计理论无法满足炮兵对高性能身管兵器需求的发展，使得突破传统理论框架、重点考虑更多性能指标并能实现功能融合的总体设计理论被提出。如针对射击精度差的车载炮，探索射击精度影响机理，创建了基于射击精度提升的车载炮总体设计方法；针对故障率高的弹药自动化装填系统，发展了以设计、制造、维护全周期可靠性增长理论为基准的设计方法；在火炮总体设计理论中，还引入了动态设计理论和方法，取代长期以来一直沿用的基于静力学的设计方法等。

随着科学技术的发展，尤其是近十年来各类新设计方法和手段的不断涌现，给身管兵器传统的结构设计、强度分析、性能分析、试验验证等带来了诸多新的变化。身管兵器

产品设计由校验型设计向预测型设计转变，由粗放型设计向精细化设计转变。产品设计方式的转变，依赖于设计人员不断强化对火炮武器系统中各种机理、规律、现象、问题的理解、改进、解决，要求各种分析模型必须与产品实践相结合，以提高对系统性能、机理、规律等预测的准确度。这些方法的改进对发展高品质身管兵器的总体设计水平有着巨大的推动作用。

身管兵器目前正朝着远程、低后坐、低成本、精准化、自动化、智能化、多能化、一体化、轻量化等方向发展，总体设计过程中需融入最新的前沿技术，不断改进和完善。通过融入发射药性能改进技术、新型低温感包覆药技术及内弹道与装药优化技术，有效控制膛压的前提下使火炮的初速大幅提高；通过弹药增程技术，155mm火炮射程从传统的30～40km提高到70km以上，实现了重大跨越；通过探索磁流变、磁阻尼、软后坐等新型高效阻力控制技术，可实现大威力低后坐发射；通过弹炮药的优化匹配设计，降低弹丸膛内运动过载，为智能弹药创造良好的发射环境，实现智能弹药的低成本、高可靠和高精确打击；通过模块装药、全自动装填技术，提高身管兵器自动化水平，结合智能管控、辅助决策、健康管理等技术，有利于实现身管兵器的信息化；通过融合弹道兼容技术、多任务管控技术、多功能发射技术、高速精确随动技术、弹药多用途毁伤技术等，可实现身管兵器的多能化；探索轻质材料在身管兵器中的应用机理，实现武器系统的轻量化，为其高机动化提供了良好的支撑。

5. 夯实"效率提升、效果验证、数字设计"规范原则，数字化发展引领设计效率持续改善

在身管兵器总体设计阶段，如何将先进的先验知识融入总体设计，实现快速智能设计，迅速找到最优总体设计方案，是设计工作者追求的目标。基于知识工程的现代身管兵器智能设计技术，是在多年身管兵器型号研制过程中不断积累、不断完善、不断成熟的，且应用效果显著。在155mm车载炮总体设计过程中，通过改进总体方案设计流程，实现对已有设计知识的重用，明显提升了总体设计优化效率，减少了方案设计的反复，进而提高了设计效率和设计质量。155mm车载加榴炮从总体方案论证、方案设计、工程设计到原理样机，仅花了1年多时间，在初样机研制试验中就实现了极佳射击密集度结果，随后亦一次性通过了各种性能的鉴定考核。该智能设计技术应用于随后的系列车载炮型号项目研制过程中，均一次性通过了靶场对各种性能的鉴定考核，这在火炮型号研制的历程中也实属罕见。可见，利用数字化的智能设计技术能大幅提升产品的研制质量和效率。

利用现代设计理论和方法，逐步建立各类数据库、专家知识库、设计规范、设计方法、设计准则、试验规范和工艺规范，形成规范的现代设计体系和虚拟试验体系。经过工业部门多年的实践，基本统一了身管兵器行业研究所、工厂的计算机辅助设计（Computer Aided Design，CAD）、计算机辅助工程（Computer Aided Engineering，CAE）、产品数据管理（Product Data Management，PDM）等软件，建立了所、厂数字化协同研制环境，制定了统一的产品数字化定义规范，完善了数字化协同研制标准体系，实现了分系统设计人员与总体在相同环境下协同工作，共同完成身管兵器数字样机的全过程研发，正在构建研究所与企业之间的异地协同设计环境。模型与设计效果的验证手段不断突破，且丰富多样。数字化发展大幅提升了火炮总体设计水平，应用于155mm车载榴弹炮，实现一轮设计即实现射击密集度远超指标要求，达到了国际领先水平。

6. 关注"算法赋能、模式升级、基础先行"智能革命，智能化实践促进身管兵器技术变革

随着人工智能技术快速发展，身管兵器与人工智能深度融合的基础理论研究和工程应用研究日渐提速，成为研究热点。目前已在身管兵器装备的智能体系架构、智能装备形态、智能算法、智能部件、智能芯片以及相应的智能数字装备等方面取得阶段性进展，将引领身管兵器新一轮的技术变革。

身管兵器智能体系架构以装备的智能运用为背景，提出了基于观察—定位—决策—行动（Observe-Orient-Decide-Act，OODA）循环的智能指控体系框架，通过算法赋能使身管兵器在复杂战场中灵活、迅速、猛烈、持久的火力优势更加突出。

以身管兵器智能体系为牵引，各种形态的智能身管兵器概念也层出不穷，理论研究逐渐从单体智能、群体智能、体系智能等方面向演化智能、通用智能深化。单体智能身管兵器重点研究具有一定的机器学习、知识更新、功能升级能力的装备。群体智能身管兵器以单体智能为基础，提升装备间的协同能力，通过多门装备联合信息获取和学习认知，具备判断性更全、实时性更强的自主决策能力。体系智能身管兵器融入战场作战体系，构建各类装备的信息和数据实时交互通道，处于人在环外的监督下，实现不同装备间的协同训练和知识共建，以装备自身学习与演化能力为基础，进一步融合作战体系的认知和执行能力。演化智能身管兵器则提出一种具备高级智能的组织形态，整个装备体系形成一种多脑系统，相互间构筑类社交组织生态，装备间、体系间具备一定的认知和决策经验交流能力，通过泛化的知识交流，达到多体系互学习、互纠错、互补强的全天时智能作业模式，赋予身管兵器强智能的认知、决策、执行能力。通用智能身管兵器将是智能装备发展的高级形态，该阶段身管兵器与类脑计算相结合，具备较为低级的模拟意识衍生能力。

智能算法则结合身管兵器发射、弹道、毁伤等过程中的独特特点，重点研究人工智能算法在装备数据的采集、挖掘、分析、推断与评估等过程中的应用，初步构建了由数据库、模型库、策略库等组成的装备知识增长中心，为装备的高效运用和打通物理装备与数字装备间的联结通道奠定了基础。

智能部件重点研究身管兵器发射端和弹药端的部件智能技术，针对身管兵器发射端的智能化，开展了支撑规划决策、感知行走、指令控制、机构运动、诊断修复等功能的核心技术研究，针对弹药端的智能化，开展了支撑弹道规划、变体控制、弹炮协同、协同侦打、可控毁伤等功能的核心技术研究。

面向身管兵器的内核智能，正在构建身管兵器的启发式芯片架构，探索通过 ASIC 定制智能芯片、人工神经网络芯片、类脑芯片三个阶段的基础研究，逐步推动身管兵器的智能升级。

（二）身管兵器发射技术

身管兵器发射技术的核心特征是利用身管的聚能和定向作用，使发射能量能够瞬间释放并转化为投射物的动能，是目前各类发射技术中能量利用率最高的一种。作为身管兵器独具特色的专有技术，主要由弹道工程技术、精确发射技术、载荷控制技术、弹药装填技术等组成。近年来，围绕超远射程发射、高精度射击、自动化发射，以及不同介质环境下的发射等技术，是火炮装备技术重点研究的新方向，开展了专项技术攻关和预先研究，多项技术取得突破。

1. "装药点火可靠、修正控制准确、增程手段多元"，弹道工程技术取得突破性进展

在经典内弹道理论基础上，持续发展建立了以燃烧反应两相流体力学为基础的多维两相流内弹道全过程精确建模理论，应用于大口径火炮、高膛压火炮等工程领域，解决了复杂内弹道过程中膛内压力波、高性能发射过程中点火及装药参量对内弹道性能影响规律等难以模拟和预测的问题，为发射装药射击安全性研究与分析提供了理论支撑。

在内弹道高能增程技术方面成果显著，如高膛压坦克炮首次以多弹种弹道融合规划技术为牵引，突破了多弹种内弹道及装药结构一体化设计、高能复杂组合式装药结构、并联药室炮射导弹装药结构等关键技术，研制的穿甲弹组合式装药结构装填密度较同口径制式坦克炮穿甲弹装填密度提高 10%，炮口动能提高 40%。在多点电点火、等离子体点火、激光点火、微波点火等火炮发射装药新型点火技术方面开展广泛研究，已达到工程化应用水平。

大口径压制火炮模块装药技术已经成为下一代武器装备的必选技术路线。我国模块装药技术发展成熟，适应国际通用要求的双元模块装药技术和我国独创的全等式模块装药技术均实现工程化应用，为火炮自动化、智能化等技术的快速发展奠定了基础。

外弹道减阻技术发展迅速，其中底排减阻技术在多个工程型号的应用中效果显著，电磁减阻、等离子减阻等新型弹体表面边界层减阻技术完成了理论推导及数值仿真，正在进行原理验证。

外弹道增程手段多元，多项关键技术取得突破，其中炮射固体火箭发动机推进增程和滑翔增程技术广泛应用于增程制导炮弹，大口径火炮智能炮弹研制成功。炮射固体冲压发动机技术初步达到工程化应用水平，应用于 155mm 火炮，未来有望实现射程超过 100km。脉冲爆轰推进增程技术、炮射涡轮喷气发动机技术、炮射膏体推进火箭发动机技术等正在开展基础试验研究。

新型弹药的弹道理论与技术方面也在积极布局，如发射埋头弹药技术方面突破了埋头弹内弹道设计、二次点火与上膛技术、埋头弹药总体技术等多项关键技术，工程化应用推进迅速。与此同时，正在加速开展空气特性自适应的弹丸智能结构技术的理论研究与技术研究，该技术的应用既能实现弹丸沿弹道高效路径规划飞行，还能实现弹道飞行模式的切换。

2."知识数据驱动、规律模型推演、牵连运动控制"，高精度射击技术取得显著突破

针对恶劣发射工况下，火炮系统复杂的发射时序和作动原理，构建了时空层次结构。对机理确定的结构，利用知识驱动的方法建立理论模型；对机理模糊的结构，利用数据驱动的方法构建统计模型；并根据火炮拓扑关系，构建综合响应模型，充分利用靶场全炮射击试验对综合响应模型进行确认与校核，突破火炮高精确建模的难题。

针对射击过程中的各种扰动因素综合作用过程，基于综合响应模型，采用灵敏度分析方法辨识影响射击精度的少数火炮关键参数，在概率空间上根据概率守恒原理构建了弹丸状态参数概率密度演化方程，针对射击准确度和射击密集度，建立多学科优化射击模型和概率反求模型，从而获得满足射击精度要求的关键参数名义值及其误差的集合。

根据火炮射击精度控制需求，形成了弹丸膛内运动平稳性控制方法，通过高速平稳输弹、弹炮耦合的匹配设计等方面控制弹丸膛内运动的平稳性和状态参数的一致性；形成了火炮的牵连运动控制方法，通过变火线高设计、低扰动制退机、高约束平衡机，实现火炮稳定性设计，控制火炮牵连角运动的影响。

综合运用卫星定位、无线传输、弹道计算等技术，通过飞行弹道信息自主测量，经弹道解算和外推预测，获得落点坐标以及与目标坐标之间的偏差量，校正射击准确度，实现落点精确测量和闭环校射。

针对枪械精度控制建立自动武器的发射动力学模型，解决了自动步枪的热偏热散问题，通过弹枪相互作用机理研究，揭示了影响狙击步枪等高精度步枪射击精度的主要因素。

3."常规工程应用、前冲原理突破、新型结构探索"，后坐阻力控制技术改进与创新齐头并进

电液控制反后坐技术在多弹道载荷后坐阻力适应调控技术、后坐运动流固耦合动力学仿真技术等方面取得突破，在中大口径火炮上完成工程原理验证。

前冲技术在经过多年的原理试验研究后，突破了普通后坐和软后坐发射兼容的前冲机技术、可调制退机技术，实现软后坐发射的后坐阻力比正常后坐产生的后坐阻力减小40%，目前正在坦克炮、舰炮等中大口径火炮上推进研究成果的工程化应用。

智能结构反后坐装置技术主要在实验室环境下开展基础研究，国际上首次提出磁阻尼反后坐技术，采用特殊的电磁阻尼器结构，通过试验验证了技术可行性和技术优势，将带动火炮反后坐技术的变革发展；磁流变已完成反后坐装置结构技术、鲁棒控制技术、磁流变液制备技术的攻关，正在进行围绕磁流变液沉淀和流变特性的环境适应性和可靠性试验

研究。

膨胀波火炮技术基于小口径火炮完成原理验证，近年来围绕开闩精确控制、后坐阻力稳定控制等关键技术开展理论与试验研究。

此外，多重后坐技术、电磁反后坐技术、高耗能颗粒阻尼技术、弹性胶泥阻尼技术、惯性炮闩前冲技术等均在研究过程中。

4. "结构轻量化、控制平稳化、模型数字化、决策智能化"，弹药装填技术综合性能显著提升

弹药自动装填技术开展了系列技术途径的工程研究，包括底仓式、尾仓式、吊篮式、弹鼓式等多种装填形式的结构创新，突破了复杂异构被控对象的刚柔 – 机电液耦合建模、参数不确定性和非线性因素对动力学特性的影响规律、控制模型特征参数精确测量与辨识、控制模型验证等关键技术，并结合智能化技术的发展构建了复杂强扰动、参数不确定等极端条件下的高实时性运动控制算法。

成功研制了面向多任务的模块化可重构弹药自动装填系统，通过复杂环境下多源信息融合技术、弹药自动装填系统智能健康管理技术、智能决策及智能控制技术、弹药自动装填系统数字孪生技术等智能管控技术，实现了自动装填的初步智能化；通过弹药自动装填系统的动态特性与失效控制技术、弹药自动装填系统的动态可靠性定量设计理论与方法、基于数字孪生的小子样可靠性试验方法实现了自动装填系统的可靠性预测和增长。

与此同时，大口径火炮全可燃模块装药技术全面突破，形成全等式模块装药、双元模块装药等产品及样品，适应国内国际两个市场需求，综合性能达到世界先进水平。这使得在研的中口径压制火炮自动装填系统达到 15 ~ 20 发 /min 的射速，大口径压制火炮自动装填系统达到 10 ~ 12 发 /min 射速的水平。全自动装填已经成为新研身管兵器的必备功能要求。目前主要围绕轻量化、高精度控制、故障诊断、健康管理、数字孪生、可靠性提升等方面开展工程应用研究。

5. "明确发展方向、探索弹道稳定、推动工程应用"，水下身管兵器发射技术成为新研究热点

水下发射方式多样化发展，多项关键技术取得阶段性成果。在密封式发射技术方面，使用特制隔水 / 吹气机构形成防水屏障，令内弹道过程接近空气中常规发射，通过多体动力学理论及数值仿真等方式，预测了密封发射的可行性，突破了高速射弹水下发射自动机动力匹配控制技术，形成了水下发射炮口自适应密封装置及其控制系统的技术方案和原理样机。全淹没式发射技术方面，建立了非稳态膛口流场模型，结合搭建的弹道枪水下射击实验平台，获取了水深对膛口流场演化特性的影响规律，建立了全淹没式水下非导气内弹道模型，有望解决水陆两用弹型匹配问题。气幕式发射技术方面，基于气体射流的非稳定性理论，提出了弹前激波特性设计方法，建立了气幕式内弹道非稳态理论。

高速射弹水弹道基础理论成果显著。在超空泡流动基础理论、射弹空泡形成机理、水

动力特性、外弹道特性、弹道稳定性及弹道设计方面均取得丰硕成果。建立了高速射弹水下跨音速运动水动力特性与水弹道计算模型，形成了高速射弹水动力特性与水弹道仿真软件平台，突破了水下高速射弹流体动力布局设计、水下外弹道预测等关键技术，研制了水下高速射弹原理样弹，完成了水下射击综合验证试验。

水下身管兵器发射试验与测试技术发展迅速。基于系统工程理论构建了水下身管兵器发射试验能力体系，研制了新型的水下速度、运动轨迹测试设备。针对水下弹丸测速与空气中测速的显著区别，形成了多种形式的非接触式测试方法，以线圈靶感应电动势的过零点作为过靶信号，研制了防水型线圈靶；基于激光光源平行光系统及硅光电池集成器件，研制了水下光幕传感器；形成了适用于水下发射膛压测量的应变式测量方法；采用电磁式感应测速传感器，构建了水下自动机速度变化测试方法。

当前正立足现有水下发射技术相关成果，面向未来水下身管兵器水下作战发展需求，围绕水下身管兵器发射装置流体减阻技术、轻量化技术、微后坐技术、水弹道稳定技术及弹药跨介质运动技术等方面开展研究，加速推动低阻高速水下发射枪炮技术的工程应用。

（三）身管兵器控制技术

身管兵器控制技术主要包括火炮控制和火力控制，近年来围绕身管兵器的信息化、数字化研究，在快速响应控制技术、高精度快速自动瞄准技术、基于弹道测量的射击修正技术、车际协同火力控制技术、机电负载及电源综合控制和智能配电管理技术等方面开展了大量研究工作，突破了一系列关键技术。

1. "信息融合、任务驱动"支撑身管兵器的快速响应控制

现代身管兵器突出快速行/战转换、快速转移阵地、快速装填瞄准等快速响应能力，以实施"快打快撤"战术。快速响应控制技术是其能力实现的核心支撑，近年来以多子系统间的复杂机电液耦合模型、极端服役环境下子系统间的协同控制等为重点研究方向，突破了多源信息驱动的身管兵器工作流程控制技术，使身管兵器能够在部分传感器异常状态下实施高可靠、高效率控制，解决了传统依赖单一传感器，易使快速响应能力降阶的瓶颈问题。

提出了基于任务驱动的传感信息管理与分配技术，解决了巨量信息无差别传输中易导致现场总线数据传输延迟、数据丢失等问题，通过构建当前任务与核心数据的关联关系，确定了数据分时传输标准，提供了更加完整、可靠和低延时的火炮控制策略；发展了兼顾环境影响的身管兵器控制与故障诊断一体化技术，将传统身管兵器控制与故障诊断相对分离的模式进行了融合，采用多源扰动下身管兵器信息感知与未测量状态重构、传感器与状态估计信息融合、基于多分辨深度网络的故障参数智能学习模型、信号特征深度智能学习等多种手段获得精准、可靠、完备的数据，进而实现身管兵器控制与故障诊断系统的有效融合，为身管兵器快速响应和高效管控提供了技术支撑。

2. "精准定位、模型驱动"支撑身管兵器的快速自动瞄准

身管兵器快速瞄准和精准射击依赖于坐标和射向测定的及时性与准确性，现代身管兵器采用惯性测量和全球卫星定位技术可以实现实时定位定向，高精度光纤陀螺和捷联式惯性定位定向导航装置、卫星定位导航装置广泛应用于身管兵器，结合导航信息融合模型、误差标定与动态补偿算法等技术运用，突破了基于平台惯导组合姿态测量的瞄准技术和捷联惯导瞄准技术，应用于中大口径压制火炮和火箭炮，实现了快速自动瞄准。

身管兵器随动与稳定控制技术进步显著，高精度、高动态、大功率的身管兵器随动系统成熟应用。基于永磁同步电机控制理论和空间矢量脉宽调制技术，结合现代控制理论与内模控制策略构建的控制器具有良好的动态性能、稳定精度和抗干扰能力。基于双电机速度同步控制方法构建的大惯量随动系统，能够有效抑制各种干扰带来的速度偏差。线性二次型最优控制、模型参考自适应控制、时间绝对误差的积分（Integral of Time Absolute Error，ITAE）最优控制、滑模变结构控制、分数阶控制等现代控制方法在高精度随动控制系统中被大量应用，实现了对跟踪射击阶段存在着各种扰动的补偿或抑制。

3. "轨迹测量、弹道修正"支撑身管兵器的射击精度控制

身管兵器发射无控弹药的精度由密集度和准确度决定。密集度主要受随机误差影响，由身管兵器及其弹药状态决定；准确度主要受系统误差影响，由瞄准误差等决定，准确度可以通过校射方法提高。传统的校射通过先发弹丸落点校正后发弹丸落点，需要通过试射方法确定首发弹丸落点修正身管兵器射角射向后才能提高其准确度。在传统的试射法校射基础上，结合雷达弹道测量、弹载卫星弹道测量等技术应用，构建了基于弹道轨迹实时测量的即时校射方法，可以在先发弹丸落地前通过弹道外推确定其落点并计算出射角射向修正量，大幅提高了校射的快速性和准确性。

在构建实时弹道轨迹外推模型基础上，研制了基于弹载卫星定位的实时弹道测量装置及基于反炮兵雷达的弹道测量装置，构建了弹道实时校射控制系统，应用自主射击修正模型及其射击修正策略已经完成靶场试验验证，验证表明校射的快速性和射击精度显著提高。

4. "互联互通、协同控制"支撑身管兵器的火力分布控制

随着身管兵器战场对抗由武器对抗向体系对抗的转变，身管兵器火力控制正向多种武器平台整合、实施一体化的协同火力控制与打击方向发展。分布式火力协同利用计算机、通信和网络等技术使战场内分散配置在不同武器平台上的目标探测、指挥控制等联为一体，实现了信息与火力的协调运用，达到提高整个作战体系效能的目的。身管兵器分布式火力协同控制初步构建了体系架构，对情报共享体制、协同指挥控制体制、武器平台系统进行了过程模拟与演示。

通过开展分布式协同火力控制专项技术研究，突破了基于战术互联网的分布式通信技术、分布式火控系统协同射击技术、多目标火力分配与最优火力决策技术、分队火力快

速机动协同控制技术等关键技术，实现了火炮、火箭炮等火力单元的火力协同控制，以坦克炮、突击炮等直瞄身管武器为应用背景，突破了分布式激光通信技术，已经全面工程化应用。

5."驱动控制、智能配电"支撑身管兵器的高效电能管理

随着身管兵器大功率伺服快速调炮和自动供输弹系统快速装填的性能要求不断提升，大功率驱动控制和智能配电管理技术的要求也在不断同步提高，电驱/电源综合控制技术、高压电驱动技术、高压蓄能或峰值功率补偿技术、智能配电管理技术以及高压电源安全保护技术等关键技术研究不断深入，身管兵器电驱动与电能管理实现自主故障检测、诊断，适应长时间极端交变工况下的复杂任务执行需求，并具备了在能量供给受限条件下，根据功能要求智能配电的能力。

智能配电管理结合基于知识库的专家系统、基于模型的专家系统、基于规则的专家系统构建，进入身管兵器配电智能管理的发展阶段，同时也进一步开展了能源优化管理、负载智能管理以及电能管理模块化、小型化等，面向设备、元器件级的智能化技术应用研究，以概念研究和关键技术攻关为先导，逐步将智能配电管理技术应用身管兵器中。

（四）身管兵器综合信息管理技术

身管兵器综合信息管理技术是指在武器系统和火力平台中，将探测、识别、通信、导航、电子对抗、任务管理、行驶和火力控制等功能及相应的设备，通过计算机、控制、通信、总线网络和软件等技术组合成为一个有机的整体，达到系统资源高度共享和整体效能大幅提高的目的，使得系统作战性能、可用性和生命周期成本相互平衡。身管兵器综合信息管理技术是多学科复合型综合技术，涉及身管兵器综合信息总体、通信网络、感知与人机交互、软件、指挥控制、电气控制、健康管理、仿真训练等多个技术领域。

1."宽频覆盖、智能综合"，推动车载通信网络技术发展成熟

身管兵器综合信息管理通信网络已经建立了从旅（团）到身管兵器战斗车辆、覆盖多种身管兵器作战平台，较为完整的身管兵器作战指挥、侦察、通信系统，采用超短波、短波、微波、散射、有线、光纤、卫星通信在内的多种通信手段，覆盖宽频带，形成了包含炮兵防空兵指控网、战术互联网、空情通播网、区域宽带通信网等多种指挥情报网。近年来正在开展多频段无线宽带自组织网络技术研究，有效提升网络业务承载能力，支持视频、话音、文件等传输业务，提高网络组网能力，通过自组织方式实现多个车辆节点间的机动中互联互通，支持随域入网、退网和子网融合与分裂。

目前我国身管兵器主要采用以太网与控域网（Controller Area Network，CAN）数据总线相结合的结合式智能综合电子系统集成架构，其中 CAN 数据总线用于实时控制，以太网用于传输大带宽数据。智能综合电子系统主要由多智能体模块化组合箱体、网络交换机、显控终端、执行驱动、传感与态势感知系统等各种电子设备组成。随着现场可更换模

块（Line Replaceable Modules，LRMs）的普遍采用，使产品的通用质量特性、互联互通特性和任务性能显著提升，正在向控制自主化、决策智能化、网络统一化、集成架构互操作化方向发展。随着表贴、球状矩阵排列（Ball Grid Array，BGA）封装器件以及高速处理电路广泛采用，以 1000Mbps 交换型以太网、10Gbps 交换型以太网为核心，以龙芯、飞腾等嵌入式计算机为支撑，功能应用软件在综合电子系统中的比例越来越高，硬件模块化、功能软件化已成为技术发展主要方向，微处理主频达到 1GHz 甚至更高，LRMs 应用涵盖了信号控制处理、信息计算处理、I/O 逻辑处理、网络交换与通信管控、功率负载驱动控制动能，为身管兵器采用互操作全双工全域交换式以太网拓扑结构设计奠定了基础。

2. "智能操控、人机协同"，推动人机交互技术向智能方向迈进

身管兵器多源信息感知与人机交互技术主要针对雷达、光电、电磁、火力、火控等传感器获取的信息进行综合处理和显示，通过乘员操控终端实现身管兵器的指挥控制、乘员操控和人机交互等功能。

目前，我国的身管兵器主要采用基于自动模式下条件优先、手动方式下操作触发式的人机交互模式，实现了身管兵器的人机闭环，但先进的武器装备还应以减少人员操作、减少手动操作为出发点。基于全数据的流程化引导及人工干预，有助于提高作战效率。随着传感器技术、智能计算技术、云计算、大数据等新兴技术的发展，人机交互技术逐渐成为信息领域的重大课题之一，并朝着以人为本、增强体感、方便用户的方向不断发展。传统的鼠标、键盘等交互方式已经不能满足新型、高效、便捷的人机交互需求，人与系统的自然高效互动、用户意图的准确理解等成为研究的重点。

3. "模型支撑、数据推断"，推动故障预测技术进入工程应用阶段

身管兵器健康管理技术是利用传感器技术，获取目标对象信息，借助各种算法和智能模型来监控、诊断、预测和管理目标对象的状态，结合资源运行管理要求，对维护服务做出智能和适当的决策，提前采取保障措施，是当前装备研制中的一个重点问题。身管兵器健康管理技术是面向复杂武器装备的领域分支技术，应用装备健康管理技术能够显著提高装备在维护过程中的安全性效益和经济性效益。在健康管理技术研究与应用过程中，提高了身管兵器装备失效的告警能力，提供了基于状态的维修能力，通过维护周期的延长或及时的维修活动提高了身管兵器装备的可用性，缩减了检查成本、故障时间和库存，降低了全寿命成本。

经过长期的基础技术研究和系列型号项目的支撑推进，我国身管兵器的可靠性分析技术、综合故障诊断技术和预防性维修技术等已取得了较大进步，这也为在身管兵器上实现健康管理奠定了一定的技术基础。根据身管兵器的特点，其健康管理技术主要集中在对身管寿命预测和身管内膛故障检测上。随着身管兵器性能的不断提高，导致身管寿命问题凸显，通过对身管寿命问题的深入研究，取得了一系列的研究成果：建立了基于理论推导的预测模型；基于已有试验所得的性能退化数据，用数学分析手段得到了可靠的经验预估模

型；探索了基于神经网络的预测方法。身管兵器发射过程中，炮弹、火药燃气等会对身管产生物理和化学损伤，身管内膛会出现种种损伤，包括裂缝、腐蚀等，严重影响火炮发射的精度、身管寿命以及射击的安全性等，因此对身管内膛故障检测技术的研究也在不断深入，主要以电荷耦合器件（Charge Coupled Device，CCD）摄像法、激光三角法和激光投影法等光学检测方法为主，实现了身管状态的现场快速检测。

4. "体系仿真、实景虚拟"，推动仿真训练向更加贴近实战的方向发展

仿真训练技术是指运用计算机仿真技术及设备、器材，模拟作战环境、作战过程和武器装备作战效应下，所进行的操作技能训练、军事训练、军事作战演习、战法研究演练等全过程。仿真训练以安全、经济、可控、可多次重复、无风险、不受气候条件和场地空间限制，既能常规操作训练，又能培训处理各种事故的应变能力，以及训练的高效率、高效益等独特优势，一直受到各国军方的高度重视。

近年来，我国模拟训练进入迅速发展阶段，在身管兵器训练装备方面，先后研制成功系列火炮随装模拟训练器材。随着分布式交互仿真（Distributed Interactive Simulation，DIS）、虚拟现实（Virtual Reality，VR）技术和计算机生成兵力（Computer Generated Force，CGF）技术等方面的研究，在应用上获得了跨越式发展，形成了基于DIS和高层体系结构（High Level Architecture，HLA）混合体系结构、虚拟战场环境和人在回路的武器平台模拟训练架构，实现了支持单手训练、单装训练到协同训练的全要素训练模式。经过多年建设，逐步从单纯的技术模拟向战术模拟转变，从单一兵种模拟向诸军兵种联合作战模拟及实兵对抗训练转变。

5. "多能集成、网络支撑"，推动火力打击雷达发挥更佳的体系效能

火力打击雷达具备对地探测、对空搜索跟踪、弹药制导控制、多目标跟踪等多样化的作战功能，为火炮的多功能化提供了新的解决方案。搜索、跟踪、制导一体化雷达的发展，实现了目标远程搜索、精确跟踪和导弹制导的功能集成，已在弹炮结合武器上成熟应用。基于相控阵雷达的多目标跟踪与制导技术研究正在发展，面向多目标快速拦截需求，已经验证了多目标拦截火力决策与控制能力，具备同时跟踪多个目标与弹药，并根据弹目跟踪信息进行指令制导控制的能力。光子雷达探索研究正在开展，可为身管兵器提供覆盖范围更广、分辨率更高的传感器，形成对隐身类目标的三维成像能力。

随着战场作战环境日益复杂，为更有效地在不同地区和地形与实力相近的国家进行作战和通信，发展有弹性、灵活的网络，在结构和流程上对网络实现优化和集成，有助于帮助身管兵器使用执行各种作战任务，实现杀伤网的闭环控制。

（五）身管兵器运载平台技术

身管兵器运载平台技术是研究身管兵器与运载平台适配性的综合技术，包括平台与身管兵器的一体化集成和模块化组合技术。现代身管兵器运载平台扩展迅速，包括陆基、空

基、海基以及特种运载平台等广泛运用。特别是随着平台无人化的发展，身管兵器与运载平台的结合也在向无人化、智能化方向演进。

1. "系列拓展、跨域机动"是陆基运载平台发展的重点

运载平台与身管火力一体化集成技术优势凸显，车载炮形成系列明星装备，实现"兵力分散、火力集中"的作战模式；基于轻型高机动平台的身管兵器批量装备，支撑轻型高机动合成旅能力快速成型；运载平台与身管兵器模块化组合，形成轮式、车载、履带、牵引等系列化发展格局；轮毂驱动、大行程悬挂等技术的应用使身管兵器发射适应性更强、越野能力、通过性和乘员舒适性全面提升；运载平台与身管兵器实现感知的深度融合、先进感知技术应用，实现行驶、火力、指控信息的集成感知。

跨域机动能力不断增强，两栖能力成为身管兵器发展重点，拓宽了作战领域；身管兵器空投关键技术全面突破，翼伞精确空投技术成熟应用，火力快速部署能力大幅提升；身管兵器空运部署能力成为新型装备发展的重要能力要求，运输机空运、直升机空运等技术对运输平台和身管兵器接口匹配设计提出新要求，成为身管兵器总体设计研究的要点；身管兵器发展多栖作战能力，"飞车"平台能够实现陆、海、空跨物理域动态作战。自主驾驶技术推动身管兵器向无人化方向加速发展。

2. "威力提升、任务综合"是空基运载平台发展的要点

武装直升机适装大威力航炮能力不断增强，高射频发射平台承载能力加强；平台牵连运动控制下的射击精度提升理论得到突破；大容量弹舱布局及其快速供弹路线与直升机总体相融合；武装直升机座舱搭载的新型平视显示器和具备目视瞄准功能的飞行员头盔，集成了大量飞行员所需的数据，直接显示火控系统参数，使得身管兵器操控更为简易化和人性化，大幅提高了实战对抗效能。

固定翼飞机与多型身管兵器集成推动空中机炮技术发展成熟，大威力火炮冲击波防护仿真与验证技术成熟，中大型空中运输平台的发射载荷缓冲技术得到突破；构建了基于非线性气动力学的大攻角弹道高精度解算模型，使得高速盘旋攻击状态下的火控求解算法精度不断提升；面向空中信息化智能对抗需求，构建了集成身管兵器、搜索观瞄、任务决策、指挥控制等于一体的多任务载荷系统，突破多任务载荷集成技术，并逐步开展验证评估。

3. "兼容适配、功能集成"是海基运载平台发展的要求

大口径舰炮上舰总体布局更加优化，舰炮与舰船集成的隐身性、电磁兼容性、维修保障性研究不断加强，更加突出复合材料在炮塔等外部结构上的综合应用，身管兵器对舰载平台环境适应性研究更加深入，电磁、盐雾、勤务保障等试验测试方法更完善，正在完善相应的试验测试条件，以贴近实战环境模拟验证需求。

身管兵器与舰船平台上丰富的信息资源融合深度不断加强，中小口径舰炮与舰载雷达的信息控制技术相结合，突破了基于雷达门限的对空窗口拦截控制技术，实现信息化弹药

效能大幅提升。正在研究的雷达指令制导弹药技术，将舰载雷达多目标跟踪功能和指令制导功能与弹上的低成本指令接收机结合，可以实现舰载平台上身管兵器弹道的跟踪、导引与控制，提高舰载身管兵器打击精度与效能。

基于舰载平台的身管兵器射击精度控制研究不断深入，在传统身管兵器射击精度理论研究基础上，构建了基于海浪谱反演模型的身管兵器稳定发射控制理论，实现了身管兵器发射时对海基运载平台随机摇摆扰动的动态抑制。

4.“自主控制、智能决策”是无人运载平台发展的关键

地面无人战车已经进入工程研制和装备试用阶段，构建形成了轻型、中型、重型的无人战车装备体系，可搭载的身管兵器包括枪械、小口径火炮、无坐力炮、火箭炮等，基于高可靠高灵敏的战车感知和控制技术，解决了身管兵器的远程遥控作战问题。同时，基于平台多传感模块自主感知与态势推断的技术研究日益深入，无人平台火力控制逐渐向智能化方向发展，在态势自主侦察感知、复杂战场地形及环境识别、目标自主识别与跟踪、火力任务规划与自主打击决策等技术研究取得阶段性进展，支撑了具备自主决策自主作战能力的无人身管兵器快速发展。

空中无人作战平台呈井喷式发展，为身管兵器进一步扩展运用领域提供了系列齐全、形态多样、功能各异的运载平台，面向空基无人平台的身管兵器挂载适配技术研究不断深入，在外挂式身管兵器搭载技术基础上，进一步发展出云台式身管兵器挂载、内埋式身管兵器挂载、融合式身管兵器组合等技术，身管兵器与空基无人运载平台的集成度不断提高。基于空中平台自主感知、识别、决策与打击的身管兵器自主作战技术进入技术验证阶段，无人机载身管兵器打击模式逐渐由“人在环中”向“人在环外”的模式演变。

海面无人舰艇平台也是身管兵器在无人化、智能化战场中发挥效力的重要支撑平台，无人舰载小口径火炮技术已经得到应用，当前发展重点是面向集群作战的多平台、多火力、多目标联合决策与协同控制技术，适应未来海面战场的“群狼”战术作战需求。无人舰载身管兵器的另一个发展重点是解决“小艇载大炮”的问题，通过身管兵器的发射载荷分离、整体布局融合、结构轻量紧凑等方面技术研究，大幅提高无人舰船的火力强度和火力容量。

（六）身管兵器新概念发射技术

身管兵器新概念发射技术突破了传统常规发射技术能力界限，在实现火炮远射程、大威力方面具有巨大技术潜力，为传统火炮发射技术研究注入了新的源泉和动力，历经几十年的研究和发展在电磁发射技术、电热化学发射技术、燃烧轻气发射技术等方面取得了重要研究成果和显著进步。

1.“轨道发射系统集成、线圈发射实验测试”，电磁发射技术进入工程转化阶段

我国对电磁发射技术的研究工作起步较早，历经数十年发展取得显著成绩。电磁轨道

发射方面，攻克了轨道超高速发射的膛内运动稳定控制技术，显著提高了发射速度的一致性。掌握了内壁烧蚀磨损及疲劳对轨道寿命的影响规律，采用等离子体注入技术降低了轨道和电枢的应力，轨道寿命显著提升。高一致性发射和轨道烧蚀磨损控制技术的攻克，为电磁轨道发射技术的工程化应用奠定了基础，工程实践快速推进。电磁线圈发射方面，建立了多级线圈发射触发控制策略，提高了弹丸的炮口速度。采用精确的同步控制技术，实现了弹丸的平稳加速。

近年来，在电磁轨道炮优化设计、仿真计算、滑动电接触理论等方面做了大量工作，对电磁炮关键部件及炮体结构也开展了理论与试验验证工作。在理论方面，已经建立了电磁轨道炮研究的多尺度实验平台，形成了基本测试、数字仿真和实际测量三位一体的研究体系和产、学、研融合互补的综合研究系统。

2. "初速增益综合验证、温度补偿效果显著"，电热化学发射技术进展迅速

国内电热化学发射技术先后对脉冲电源技术、等离子体发生器技术及其内弹道与装药技术开展了深入研究。早期研制了 0.5MJ 和 1MJ 油浸式电容器脉冲电源，后续相继研制了金属化膜自愈式电容器 0.2MJ 移动型脉冲电源、0.5MJ 固定式脉冲电源系统及 0.3MJ 车载式脉冲电源系统。研制了不同口径的电热化学发射试验装置，在小口径发射装置上进行了高速发射试验验证；在大口径发射试验装置上，验证了电热效应对大质量弹丸的速度增益。针对等离子体点火内弹道一致性研究，在中大口径发射试验装置上验证了电热化学炮低温初速补偿性能与电调控增速性能；开展了不同形式等离子体发生器放电特性、等离子体温度测试、放电效率性能等试验；建立了电热化学炮零维、一维两相流及二维两相流内弹道模型。

近年来，围绕工程化应用，开展了等离子体点火弹道性能温度补偿研究，实现常温初速增益约为 30m/s；低温初速增益达到 50m/s 以上，开展了不同装药结构电热化学发射弹道性能试验；在炮塔空间、火炮发射过载及机构运动等约束下，研制了脉冲电源系统，突破了脉冲电源炮塔舱内总体布局、电源模块化设计等关键技术，实现了电热发射技术与炮塔武器系统的基本集成。

3. "基础技术逐项突破、实验研究稳步开展"，燃烧轻气发射技术研究持续深入

围绕超高初速发射需求，进行了小口径燃烧轻气炮总体方案论证，完成了低温氢气和低温氧气气源及其混合燃烧试验系统的研制，开展了低温氢气和低温氧气加注精度控制、点火及混合燃烧性能试验；建立了等熵绝热、双区零维及多维多相流燃烧轻气炮内弹道模型，完成了多参数燃烧轻气炮内弹道性能仿真分析。通过研究，突破了燃烧轻气炮低温气体精确加注及流量控制、低温密封、氢气安全防控及燃烧轻气炮内弹道稳定性控制等关键技术。

（七）身管兵器材料与制造技术

近年来，我国在身管兵器材料与制造技术方面取得了长足进步。新型高强度轻质材料

得到了应用验证，包括高强度钛合金、铝合金和碳纤维等材料在中大口径火炮、小口径火炮供输弹、单兵武器等领域基本具备了装备级工程应用的技术条件。

1. "材料基础强化、强韧性能改善"，新型炮钢应用提升装备性能

基于炮钢设计新理论，提出了炮钢成分新体系，用合金化和氧化物控制方法及相应冶炼与热处理工艺，可在现有的生产条件下将钢的屈服强度提升到1350MPa以上，同时-40℃冲击功保持在25J以上，且具有较好的强韧综合性能，使我国在现有设备、工艺条件下即可生产出具有国际先进水平的炮钢材料。

现代火炮的初速和膛压随着威力需求的提升而提高，膛压逐渐提升至700MPa甚至更高，对低成本高承载能力的身管材料需求也愈加迫切。根据炮钢设计新理论设计的新型高强韧炮钢，合金成分的含量变化较大，其中主元素的含量大幅度提高，较好地解决强度与韧性这一对矛盾体。

2. "轻质构件制备、结构集成优化"，整装装备减重效果突出

在大口径压制火炮方面，采用全钛合金材料研制了超轻型155mm加榴炮，全炮重量大幅降低。装备的上架、下架、支座、座盘等主要结构均采用钛合金材料，解决了钛合金结构成型、加工、焊接等工艺，实现了钛合金在身管兵器中的批量应用。迫击炮中也广泛采用了钛合金，在不降低身管寿命和射击精度的同时，全炮重量减轻一半，为钛合金在火炮上应用积累了宝贵经验。

武装直升机对航炮武器系统的重量要求严格，对系统的轻量化提出了很高要求。直升机航炮的无链供弹系统、座圈、托架、摇架等关键结构，大量采用铝合金材料和碳纤维结构件，大大降低了系统的总体重量，为系统轻量化设计提供了有力支撑。

在火箭炮研制中，为满足空投和快速部署的战略需求，研制了轻型箱式发射、自装填火箭炮，采用非金属储运发箱，主要运动结构采用高强度铝合金材料，底盘也采用了大量的铸铝件、尼龙、塑料和玻璃钢等轻质材料代替钢铁材料，进一步减轻了系统重量。

履带式空降战车大量采用高强度轻质金属材料降低全重，提高了空投可靠性，减小了空投过程中的冲击。车体采用铝合金焊接工艺，行走系统采用窄幅铝制履带，战略机动性能显著提升。空降迫榴炮大量采用了新材料、新工艺，包括铝合金、镁合金、铝合金装甲板的切割、焊接工艺和镁合金材料的机加工艺。基于轻量化需求，顶甲板、侧甲板、车体大量采用了7B52和7A52铝合金装甲板材料，履带悬挂也部分采用了轻质高强度镁合金材料，大大提升了空降装备的战场适应性。

枪械研制中，通过结构设计和材料技术的有机结合促进轻量化技术全面提升。改性尼龙、铝合金、钛合金等在枪械上进行了大量的应用，对轻量化起到了决定性的作用。山地型12.7mm重机枪通过缓冲结构设计有效降低了冲击力，为三脚架轻量化打下了很好的基础，三脚架采用了钛合金架杆、驻锄，铝合金托架，同比其他三脚架减重30%以上；供弹箱采用了增强尼龙材料，通过结构设计，在容量和功能不变的前提下同比减重接近

50%，有效地替代了钢制供弹箱。

3. "适应人体机能、结构形式创新"，单兵装备战场环境适应性加强

通过复合材料包覆钛合金结构加工工艺研究、异性材料界面连接失效与界面强化技术研究，基于碳纤维和钛合金内衬的复合身管，大大降低了单兵装备身管的重量。

碳纤维与钛合金复合材料制造的肩扛式单兵装备全重大幅减轻，大大推动了单兵身管兵器装备的轻量化。单兵的小口径枪械方面也开展了轻质合金的应用研发，为单兵装备在各种复杂环境和高强度作战环境中的便捷使用奠定了基础。

枪械在高寒、海洋、沙漠、高原气候等环境中，承受扬尘、淋雨、浸河水、腐蚀等极端恶劣的服役工况，零件极易被磨损、腐蚀，造成枪械故障甚至零件断裂。针对上述问题开展了材料的破坏与失效机理研究，建立了通过提高材料表面性能，延长零件服役寿命的方法。同时，结合表面工程学的发展，在枪械上开展了类金刚石涂层、软氮化、新型微弧氧化、新型内膛镀铬等新表面与基体材料的匹配研究，根据表面工艺特点，选择合适的基体材料，通过试样测试和射击试验证明，为枪械品质提升、寿命提升和可靠性提升提供了有力基础技术支撑。

4. "复合材料推广、装备应用革新"，非金属材料促进新概念装备研发

碳纤维材料在电磁发射装备中已经开展了应用，碳纤维材料的性能提升在电磁炮结构的制造加工中起到了非常重要的作用。电磁炮身管结构，采用缠绕碳纤维结构，对碳纤维强度要求极高，不但要承受 3000 ~ 4000kA 的强大电流，还要具有足够的强度和刚度，所以导电轨道外部须包裹高强度的非金属材料，实现预紧减小发射时的变形，使轨道与电枢可靠接触，提高发射安全性与身管寿命。当前已经攻克了 T-1000 级超高强度碳纤维材料的关键技术，该材料属于聚丙烯腈基超高强度碳纤维领域，性能达到国际先进水平。

5. "特种工艺提升、制造模式创新"，装备工业制造能力升级

身管兵器关键部件的加工与焊接过程残余应力调制与消除技术应用效果显著。车体结构的焊接及小口径大长径比身管残余应力消除技术，逐渐在身管兵器的制造及加工领域开始工程化应用。针对大型车体结构、身管结构的加工残余应力导致结构变形、装配精度差等问题，通过超声原理对结构的残余应力情况进行实时测量，根据所测得的局部残余应力方向及大小，采用超声局部激振方法对焊接和加工残余应力进行调制处理，以消除残余应力对后期结构变形的影响，应用的范围包括大型车体结构、大长径比的小口径火炮身管结构、关键焊接件等，采用了测量和超声调制处理同步进行的方法，大大提高了产品加工质量。

仿生材料和纳米材料得到重点关注。仿生材料应用于身管兵器隐身和装甲防护等方面，剪切增稠流体、金刚烯等具有新的抗冲击效应前沿材料被开发出来。智能纤维实现融合传感器和天线，为身管兵器结构功能一体化提供了技术支撑。

增材制造应用是身管兵器制造领域研究热点。增材制造在枪炮结构、弹药零部件等

方面的应用研究不断深入，成功开发出金属和陶瓷材料结合的增材制造结构，非金属与合金、复合泡沫塑料、液体复合物的新工艺不断发展，为身管兵器设计理念创新、工艺制造创新提供了广阔前景。

三、国内外身管兵器技术研究进展比较

（一）国外身管兵器技术的主要进展

1. 身管兵器总体发展

（1）压制火炮增程技术不断发展

基于高初速发射、新型增程弹药设计等技术，国外大口径压制火炮射程不断提升。美国增程火炮系统以 M109 自行榴弹炮为基础，配装 58 倍口径炮管，炮口速度约 1000m/s，可发射"神剑"制导炮弹和配有强装药的 XM1113 火箭增程弹，最大射程达到 70km。美国还将新型 XM1155 固体燃料冲压发动机远程制导炮弹纳入研制计划，其最远射程将达到 100km 以上。与此同时，美国正在验证超高速炮弹（Hyper Velocity Projectile，HVP）在 155mm 火炮上的应用，可用于拦截巡航导弹，从而使大口径火炮兼具对陆火力打击和防空反导能力，形成颠覆性作战能力，从而使现有火炮焕发出新的火力打击能力。德国为"未来间瞄火力系统"研制并生产了一款 60 倍口径 155mm 自行榴弹炮，最大射程达到 83km。

（2）舰炮武器系统作战能力全面提升

小口径舰炮武器充分发挥其目标探测技术先进、反应速度快、射速高、模块化设计等技术特点，挖掘其近程防空反导能力，可有效弥补防空导弹的拦截死区，具有其他武器所无法替代的高效末端反导的独特作用，是对付反舰导弹的最后屏障。典型如美国 MK15"密集阵"近程武器系统、俄罗斯"嘎什坦"近程防御系统、荷兰改进型"守门员"近程武器系统、德国"海蛇"27/30 舰炮、英国"海鹰"LW30M 舰炮、土耳其"克德尼兹"舰载近程武器系统。

随着技术发展，国外典型中大口径舰炮武器系统的射程远、精度高、自动化程度高等技术特点日益突出，促进了其作战能力的提升。其中，中口径舰炮武器集防空反导、对海、对岸等多项使命任务于一身，是一种具有较强综合作战能力的舰载武器。国外典型中口径舰炮如意大利奥托 76mm/127mm 舰炮、美国 MK45 型 127mm 舰炮、俄罗斯 AK130 多用途双管舰炮等；大口径舰炮武器的主要使命是对海攻击和对岸火力支援，当前西方国家一致选用 155mm 口径作为新型大口径舰炮的发展方向。典型如美国 155mm 先进舰炮系统（AGS）、英国 155mm 舰炮、德国 155mm 舰炮、法国 155mm 舰炮等。

（3）火箭炮技术广泛应用

世界各军事强国重视火箭炮技术，高起点发展火箭炮武器装备，火箭炮技术得到广泛普及和快速发展。典型如美国 M270/M270A1/M270A2 多管火箭炮系统、美国 HIMARS 高

机动火箭炮系统，俄罗斯 БM-21 型"冰雹"火箭炮、俄罗斯"飓风"火箭炮、俄罗斯"旋风"多管火箭炮系统，巴西的"阿斯特罗斯"（ASTROS）Ⅱ型，以色列的"山猫"火箭炮系统等。火箭炮不断向射程扩展、共架发射方向发展，美国最新的远程精确火力计划正在研制射程 499km 的火箭炮远程火力打击系统。

（4）高炮作战效能跨越式提升

国外通过防空武器体系化建设、装备模块化发展和制导化防空弹药配备等措施，实现高炮武器的作战效能跨越式提升。各国纷纷将防空武器体系化建设作为未来高炮的发展方向，以期在未来防空作战体系间对抗中发挥其作战效能，如美国正在发展新一代末端 6 层防空网和一体化防空反导作战指挥系统，俄罗斯基于其现役防空火力进行了防空装备的体系化梳理和精简；西方军事强国在防空武器的研制、使用和改进中采用模块化技术，使得装备形成可靠性高、发展周期短、研制经费少、研制风险低、战斗力生产快、融入体系能力强等技术特点，典型装备如俄罗斯"铠甲"系列弹炮结合系统；为应对集群式目标和蜂群无人机等空袭威胁，国外大力发展具有高效毁歼能力、持续作战能力和高效费比的中口径制导化防空弹药，如俄罗斯装备了可发射制导化防空弹药的新型中口径防空火炮系统、美国也为其 XM913 型 50mm 火炮和 MK110 型 57mm 舰炮发展了多型制导化弹药。

（5）突击炮威力不断提高

世界突击火炮技术发展主要集中在以下几个方面：一是采用新技术提高综合作战能力；二是发展大威力坦克炮；三是作战火力无人化智能化发展。

综合作战能力方面，通过采用大量先进技术，如无人炮塔技术、分隔式独立设计技术、轻量化技术、减后坐控制技术、新型装药技术和大威力弹药技术等，发展火力、机动、防护性能优越、信息化能力先进的坦克装备，俄罗斯 T-14 坦克便是当前世界综合作战能力最强的典型主战坦克之一。在坦克炮方面，现有 120mm 和 125mm 为主流口径，美国、英国、德国等国在此基础上开展了 130mm、140mm 等口径的大威力坦克炮，并制造出了试验样炮，通过增大药室容积和配备新型大口径穿甲弹，大幅提高了坦克炮威力。在战车炮方面，其口径有不断增大趋势，逐渐向 45mm、50mm、57mm 拓展，其中尤以 40mm、45mm 埋头弹自动炮为发展热点。英国和法国不断完善 40mm 埋头弹自动炮，美国发展了新型"丛林之王"50mm 链式自动炮，俄罗斯为轻中型装甲战车研制了 45mm 埋头弹自动炮，并正在为新一代步兵战车配装 57mm 火炮。

在无人化智能化方面，世界各国研制并装备了大量遥控操作式火力炮塔，澳大利亚研制了通过无线网络通信来进行操纵和控制的遥控武器站系统，美国和英国联合研制了模块化遥控炮塔和轻型遥控炮塔等。此外，各国都在积极尝试研发全自主作战火力模块，基于无人化和智能化技术的发展，逐步实现由遥控式火力炮塔向自主火力炮塔的过渡。

（6）机载身管兵器持续发展

国外航炮最典型的就是美国"阿帕奇"AH-64E 型武装直升机配装的 30mm 链式航炮，

该炮具有结构简单、尺寸紧凑、重量轻、后坐阻力小、可靠性好、精度高、寿命长和维护简便等特点，主要用于对地作战，可打击地面轻型及运输车辆、火力点和人员目标，同时可兼顾对空作战。此外，法国"虎"式直升机安装一门 30mm 航炮，也具有优秀的火力性能；俄罗斯米 –28N、卡 –50 和卡 –52 武装直升机配装有单管后退式 2A42 式 30mm 航炮，该航炮是从地面战车炮上移植过来，射速高、威力大，但是该航炮后坐阻力和重量太大，与直升机适装性较差。

美国"空中炮艇"机在攻击机上集成了 105mm 榴弹炮、6 管 20mm 航炮、40mm 自动炮以及两挺 12.7mm 机枪，构成火力猛烈的对地攻击武器，在多次实战中展现出卓越的作战性能。

（7）自动枪械武器协同提升

世界各国关注传统单兵武器的功能拓展和人机工效优化，英国、法国的 HK416 自动步枪、日本的 20 式自动步枪和俄罗斯的 AK12 自动步枪发展的重点都是在现有自动步枪基础上进行结构微调和接口丰富。

针对火力打击能力提升需求，美国开展了新口径枪械系统的论证和选型，已经研发了 6.8mm 口径自动步枪和班用机枪原型枪，同时还研制了 6.8mm 班用机枪发射埋头枪弹。美国研制的 6.8mm×43mm SPC 特种步枪弹，比 5.56NATO 弹 600m 动能提高了 43%；6.5mm×39mm 格伦德尔弹，比 5.56NATO 弹 600m 动能提高了 170%。此外，印度也加紧了 6.8mm 步枪系统的研制。

自动榴弹发射器方面，为研制出具有高初速、低后坐、轻质量、远射程、高射速和智能化等特征的自动榴弹发射器，美国相继开发了 25mm 口径的 XM307 型自动榴弹发射器、25mm 口径 XM109 型狙击榴弹发射器、20mm 口径的 XM29 榴弹发射器。

自动枪械武器的智能化研究也在加速开展，美国展示了一种被称为智能狙击步枪的新型枪械，研制的智能火控 EX321 和精密制导步枪（Precision Guided Firearms，PGF）瞄准镜，具有昼夜观瞄、目标自动锁定跟踪、目标距离测定、环境参数测定、装表量自动解算、图像显示与无线传输、智能击发等功能。

（8）仿真与测试技术深度应用

国外火炮武器系统仿真与测试技术研究持续开展，取得了重要进展，在新概念电磁发射、超空泡仿真、发射动力学、液压传动与控制、火炮综合测试等领域进行了深入研究和广泛应用。发射动力学与射击精度测试、弹丸膛内运动测试与评估、内弹道多参数测试、新概念火炮测试、战斗部毁伤效能测试等具体技术处于全面领先地位，有力支撑了武器装备研制。美国、德国、英国、法国、俄罗斯等军事强国对火炮系统仿真与测试技术的研究非常重视，投入了大量的人力、物力开展研究。美国陆军装备研究工程发展中心火炮动力学实验室为研究火炮武器系统精度建立了结构动态响应测试平台、弹道和发射试验过程测试平台、重型武器性能评估平台和软后坐平台，实现了影响密集度的诸多参量的试验、测试和评估，支撑了各类火炮的精度设计工作。美国陆军研究实验室为了研究射击精度机理、弹道测试与评估、新原理推进方案、弹炮耦合机理等，搭建了结构动态响应测试平台、弹道和发射试验过程测试平台、模拟计算分析平台、结构力学性能实验平台、模拟发射平台、新概念火炮发射与测试平台等，支撑了火炮设计中的刚强度验证、射击精度设计与试验和新概念火炮的研发。法－德圣路易研究所为了研究战斗部毁伤效应，搭建了材料测试平台、弹道性能测试平台、数值模拟平台和简易爆炸装置的破坏效应评估平台，为进行激光与物质相互作用、终点弹道效应、弹体设计、简易爆炸装置的破坏效应评估和爆轰等的研究提供了测试和验证手段。

2. 身管兵器发射技术

（1）内弹道与发射装药技术

国外围绕新型高能发射药的研究取得了较大进展，促进了火炮内弹道性能的提升。硝铵高能发射药、低易损发射药等新配方及模块发射装药系统、热塑性弹性体（Thermoplastic Elastomer，TPE）基发射药、层状发射药、挤压浸渍（Extruded Impregnated，EI）发射药等先进发射装药技术陆续应用于身管武器，提升了内弹道性能，促进先进火炮系统的发展。美国新型硝铵发射药火药力达到1300kJ/kg以上，M43发射药应用于105mm坦克炮和海军155mm等大口径火炮，陆军模块化装药系统（Modular Artillery Charge System，MACS）应用广泛；英国研制生产了热塑性弹性体基发射药，以支撑未来不敏感弹药装药系统。奎奈蒂克公司采用双螺杆挤出工艺制备了无孔和多孔型结构的低易损（Low Vulnerability Ammunition，LOVA）高能发射药；法国研制出了综合性能优良的层状发射药配方，具有能量高、弹道过程可以优化、能量输出最大化、不敏感等优点。

为适应火炮自动装填机构要求，采用模块装药技术实现了装药的刚性化、模块化，可以和弹药自动装填机构相匹配实现高射速，美国、德国、南非、以色列等国家的155mm火炮装备使用了模块装药。同时模块装药也从155mm火炮向105mm火炮、122mm火炮的应用领域扩展。

（2）外弹道增程制导技术

美国增程制导技术处于领先地位，其"神剑"制导炮弹是世界上第一个正式装备全球定位系统/惯性导航系统（Global Positioning System/Inertial Navigation System，GPS/INS）的制导炮弹，圆概率误差小于10m，实战使用中多数情况下落点都在距离目标5m以内，代表了目前国外弹道制导控制的最高水平；应用XM1156精确制导组件的二维弹道修正弹也实现部署，能使非制导炮弹升级为圆概率误差达到20m内的"准精确"弹；美国正在基于50mm"丛林之王"火炮发展弹道修正弹，利用射频指令技术控制弹道中段修正，用于拦截火箭弹、炮弹和迫击炮弹等。

法国在炮弹和迫击炮弹等身管发射的弹药中大量采用精确制导技术，其中"鹈鹕"155mm炮弹采用GPS/INS制导系统和鸭舵控制方式，命中精度小于10m；远程型

"鹈鹕"采用底排装置和滑翔飞行的增程方式,从52倍口径火炮发射时,最大射程可达60km,采用火箭助推和滑翔飞行增程方式的超远程型"鹈鹕",最大射程为85km;"奥佛"系列光纤制导迫击炮弹应用光纤图像制导技术。另外,奈克斯特公司和英国的奎奈蒂克公司等联合研发了远程炮弹,MK I 射程超过60km,MK II 射程将超过75km。

采用固体燃料冲压发动机的火炮弹道增程技术不断进步,以美国、挪威等国为代表,突破了小型高效进气道、先进耐烧蚀氧化复合材料等关键技术,使冲压发动机应用于炮弹增程成为可能,已初步形成工程样机。

枪械弹道方面,美国在制导枪弹技术方面也取得突破,攻克了枪弹用制导与控制装置、弹载电源以及传感器的设计与集成、弹载部件抗高过载技术等,研制了12.7mm的激光半主动制导枪弹,比现有最先进狙击步枪的射程和精度性能提高1倍以上。

(3)后坐阻力控制技术

美国"鹰眼"105mm软后坐榴弹炮成为世界上第一种中口径软后坐榴弹炮样炮,它利用"非待发射状态击发"技术可使后坐阻力减小50%以上,从而减小通过炮耳轴传递给炮架的载荷,最终使火炮重量比常规待发射位置击发榴弹炮轻得多,大大提高火炮的战术和战略机动性。系统配装备用液压马达,即使发生瞎火现象,也能使火炮在不到2min时间内返回至卡锁位置,并使软后坐系统复位,表现出出色的综合性能。

(4)弹药装填技术

国外弹药装填技术向自动化方向发展,且技术先进,应用广泛。美国"帕拉丁"自行榴弹炮采用自动装填技术改进后,理论上射速可达10发/min;同时美国陆军计划为航空机枪和航炮研制重量轻、结构紧凑的新型"智能"供弹系统,能够兼容多种弹药,可实时显示余弹量、可靠精确选弹供弹、满足持续和急促射击模式需求。德国PzH2000自行榴弹炮的全自动装填系统可在任意射角和方向角装填射击,急促射速可达3发/10s,最大射速10发/min,持续射速8发/min。英国AS90自行榴弹炮的自动装填系统由摆动式输弹机、炮弹传送臂和弹丸架组成,可在任何射击条件下装填弹药,携弹量48发,急促射速3发/10s,最大射速6发/min。BAE公司同时还在设计自动化程度更高的装填系统,通过设计专用补弹臂,6.5min内可以补弹48发,使补弹实现自动化操作。法国MK V改进型加装了自动装填装置,大大提高了火炮操作的自动化。

3. 身管兵器控制技术

为提高炮兵标准迫击炮弹的准确度和发射速度,美国通过"多种迫击炮火控系统电缆组件"项目将开发相关的设备、惯性导航定位系统和数字通信能力嵌入火控计算机,使迫击炮能够发送和接受火力信息的数字化请求,确定武器的指向和位置,并计算弹道参数,可以在移动中接受发射任务,使迫击炮车在不到1min的时间内停车、开火和撤离。

英国装甲迫击炮技术领先,最新型炮塔迫击炮系统采用全电驱动炮塔旋转和武器俯仰,以及计算机化的昼/夜用火控系统,具有更高的态势感知能力、多发弹同时弹着射击能力和快速反应能力，其开放式系统架构设计保留有为未来网络化战场管理系统的链接接口。

法国开发了一体化火力指控系统，为装备、系统、支援、甚至指挥官重新培训提供了可操作性的信息和指挥架构、集成化的网络中心操作与应用任务接口，为陆军和联合部队提供共享的态势感知和协同作战能力。该系统可为前方部队提供间接火力支援，可灵活地将部队连接成网络，覆盖到最低级战术部队。法国火炮数字化发展中重点改进火控设备，安装了 CALP 2G 计算机、RDB4 炮口初速雷达、PRISM 电子引信可编程装置、PR4G 调频电台等火控设备，改进型 LG1 MK Ⅲ 轻型火炮加装惯性 3D 瞄准与定位系统和炮口初速雷达等，逐步对武器系统进行数字化改造，以适应未来作战需要。

4. 身管兵器综合信息管理技术

国外火炮综合电子信息系统经过长期的发展，形成了新型标准系统结构和开放性、通用化、标准化、模块化发展的技术趋势，涉及的通信网络技术、软件技术、人机交互技术、指挥控制技术、电气控制技术、健康管理技术和仿真训练技术等不断取得突破。

通信网络技术方面，国外在宽带自组网波形技术研究及相关产品的研制进展较快，美军联合战术电台系统中的战术装备中包括了士兵电台波形、宽带网络波形和高级网络宽带波形等；以 1553B、MIC 和 CAN 等为代表的数据总线技术应用广泛，如 1553B 应用于英国"挑战者Ⅱ"型主战坦克、MIC 应用于美军 M1A2 主战坦克。

软件技术方面，国外从底层的内建测试（Built-in Test，BIT）软件、应用层的功能构件软件到系统级的健康管理软件、三维人机交互软件、分布式软件以及基于现场可编程门阵列（Field Programmable Gate Array，FPGA）的软核技术等都相对比较成熟，现在已经结合各种级别的综合电子系统在包括身管武器系统在内的各种装备中大量部署和使用。此外，从国外发展状况来看，其软件测试技术发展水平很高，在整个软件技术发展中占据越来越重要的地位。

人机交互技术方面，各国普遍开展了基于增强感知的身管兵器人机交互技术、基于多通道融合的身管兵器人机交互技术以及用户意图预测技术等方面的研究，形成了较为完善的人机交互技术路线和技术体系。

指挥控制技术的发展方向，美国等国主要是通过大量先进技术的应用，构建具备全域态势感知、跨域战术决策、跨域任务规划和跨域协同引导等能力的指挥控制系统，以适应未来多域作战下的指挥决策。

国外身管兵器各个系统的电气化已成为发展趋势，各国纷纷对武器系统、驱动系统、装甲防护系统等进行电气化改造，如目前涌现的电化学炮、电磁炮和大功率激光武器、防护系统的电磁装甲、驱动系统的混合驱动和电驱动技术。

仿真训练技术被各军事强国高度重视，美军基于高水平建模与仿真、人工智能、高性能数据库及虚拟现实、增强现实等技术构建其仿真训练系统。俄罗斯为其先进武器装备几乎都配备了相应的模拟训练系统，且正在朝着通用化和嵌入武器作战运行的方向发展。如"音色-M"通用模拟训练系统就是用于 C-300 系列地空导弹系统指挥所及作战班组人员的通用模拟训练装备。

5. 身管兵器运载平台技术

（1）身管兵器陆基运载平台技术

身管兵器陆基运载平台技术注重行进间射击、人机环优化和无人化等技术发展趋势。基于陆基运载平台的身管兵器行进间射击技术方面，美国轻型装甲车防空系统（Light Armored Vehicles Air Defense，LAV-AD）、美国/法国"火焰"弹炮结合防空武器系统、波兰"劳拉"-G 新型履带式自行高炮系统等均配置了相应的稳定系统，具备行驶时跟踪和射击能力。美国的 M2 "布雷德利"步兵战车可以测量炮塔在俯仰面上的颠簸速率和车体与炮塔间的相对扭转，提高稳定精度。

在陆基运载平台人机环技术方面，国外重点关注操控的智能化与方便性、乘员的舒适性以及安全性等方面。美英等国家的装甲车辆舱室内噪声可以达到 90dB 左右，美国装甲兵器、先进两栖攻击车辆（Advanced Amphibious Assault Vehicle，AAAV）等已经安装主动降噪系统。

地面无人平台方面，国外运载身管兵器的地面无人作战平台典型的主要有美国军用地面无人平台"剑"、英国无人地面车"黑骑士"和俄罗斯"平台-M"机器人等。

（2）身管兵器空基运载平台技术

武器直升机运载平台方面，美国"阿帕奇"AH-64E 型武装直升机、法国"虎"式直升机、俄罗斯米-28N 武装直升机等，针对集成身管兵器射速高、质量小、后坐阻力小等要求进行专门设计，实现了与直升机较好的集成适装性。美国针对"阿帕奇"AH64E 武装直升机 M230 航炮及"眼镜蛇"系列 M197 型航炮等装备的高精度发射开展了深入研究，从弹药、航炮和武装直升机一体化的思路来研究和提高射击精度，通过理论研究和试验验证，提高了身管兵器适装直升机平台的射击精度。

空基运输机运载平台方面，国外最典型的主要有美国 AC-130 炮艇机、俄罗斯安-12 炮艇机等，主要在运输机侧面集成了 30mm 机关炮、105mm 加农炮等身管兵器，用于对地攻击。

空中无人机平台方面，美国国防高级研究计划局最新提出"浮游炮"概念，意图发展一种具备打击空中和地面目标的无人空中炮艇。同时各国也在探索无人机挂载火箭巢、无坐力炮等轻型装备，提高无人机空中火力打击的强度。

（3）身管兵器海基运载平台技术国外主要进展情况

俄罗斯"嘎什坦"系统采用了模块化总体结构设计，组成包括指挥单元和战斗单元两大部分。根据海基运载平台的排水量和作战任务的不同，指挥单元和战斗单元可灵活地组成多种配置形式。美国"密集阵"系统采用搜索雷达、跟踪雷达和火炮三位一体结构，搜索雷达、跟踪雷达和火炮等都以模块形式装配在炮架上，其他炮位控制台与遥控台均设在海基运载平台上。

无人水面舰艇运载平台方面，美国海军用"斯巴达人"无人水面艇验证其在水雷战、兵力保护、精确打击及无人水面艇的指挥控制中的作战使用。同时美国海军提出打造超级无人舰队计划，主要用于执行高度危险的任务。

6. 身管兵器新概念发射技术

电磁发射技术以美国的相关研究为代表，美国海军于2014年在联合高速船"米利诺基特"上成功安装两套电磁轨道炮原型机，2016年完成海上试验，美陆军和空军也就电磁轨道炮应用于车载和机载平台的可行性开展了相关论证。除美国外，法国、英国、日本、德国、俄罗斯等国也都开展了相关研究，研制出了不同口径和性能指标的电磁轨道武器原型样机。

国外电热化学炮技术研究起步早，成果显著。美国陆续开展了小口径电热化学炮、中口径电热化学炮、大口径电热化学炮等研究，取得了相关关键技术的突破，实现了炮口动能的大幅提升。此外，美国还完成了105mm防空反导电热化学炮、海军127mm舰载电热化学炮的演示验证。除美国外，德国、英国、法国、瑞典等国也开展了多个电热化学炮项目的研究，在系列口径火炮上进行了相关技术的开发和验证，以色列、荷兰、韩国、日本等国也积极进行电热化学炮及相关原理的研究。

美国基于其"远超纵深精确打击"的发展需求，提出了燃烧轻气炮的概念，随后多个燃烧轻气炮项目陆续立项并得到军方资助，经过多年研究取得了显著成果，如UTRON公司在155mm系统装置上，采用10.85m长身管发射15kg弹丸，初速达到2087m/s。此外，世界发达国家还先后开展了一二级轻气炮技术研究，美国、俄罗斯、法国、英国、加拿大、日本等国均建有二级轻气炮实验装置。

基于等离子体和轻质气体相结合的原理，国外在电热氢气炮的研究上取得了较大成果，美国先后研制了系列的电热氢气发射装置，进行了大量试验研究。国外还开展了单电极放电与多电极放电等离子体发射技术、多毛细管侧注入式等离子体发射技术、箍缩型等离子体发射技术、随行电极等离子体发射技术及电子束等离子体发射技术等研究工作，如德国采用毛细管注入式等离子体发射技术，加速3.4g的弹丸初速达到2.84km/s。

7. 身管兵器材料与制造技术

美国的结构钢、铝合金等传统材料已经形成系列，广泛应用于制造火炮身管、架体以及弹体、弹托等零部件。现役大口径火炮身管主要采用高强度炮钢，强度已达1300MPa以上；系列化的弹钢能够满足各类弹种的强度要求。铝合金已成为身管兵器结构件上主要的，也是应用最广、使用量最大的轻质材料，主要用于火炮架体、瞄准支架、轮毂、刹车组件、平衡机和牵引杆等。美制M102式105mm榴弹炮和M198式155mm牵引火炮架体采用5086铝合金，平衡机外筒、牵引杆等主承力件采用7075、7079等超硬铝合金材料。

近年来，美国加大适用于身管兵器的高强度轻质化结构材料及其制备加工技术、寿命设计和考核评价方法研究，研发重点是低成本钛合金、高强韧镁合金和纤维增强复合材料等。M777 轻型牵引榴弹炮约 80% 的结构采用钛合金的熔模铸造技术制造，大幅减少了零件数量、减轻了整炮重量、节约了制造成本。镁合金主要应用在身管兵器的非承力及次承力件上，如 Racegun 手枪扳机零件采用镁合金制造，质量减轻 43%，击发时间减少 66%。此外，英国研究了用于 155mm 榴弹炮的超轻型复合材料炮管技术。

法国在火炮抗烧蚀材料方面探索了难熔金属镀覆技术，提出一种制备炮管内膛难熔金属保护层的工艺技术，该技术具有工艺简单成本低、不易引起炮管变形、不需要进行后期精加工、能保证炮管全长度镀层结构的均匀性、可大幅提高炮管耐磨性等优点。

（二）身管兵器技术的国内外差距

1. 身管兵器总体发展

（1）远程压制火炮方面

相比西方国家远程压制火炮专业化、标准化的产品配套体系，国内火炮武器集成设计创新性还不能满足陆军对装备的要求，一款新装备设计与部件选型时可供选择的产品与技术范围较窄，近年来有所改善，但仍需加强相关研究投入。我国远超压制火炮体系化发展与国外有较大差距，近年逐渐形成自成体系的发展思路，正在开展陆用型、岸防型、舰载型火炮的系列化论证和相关研究工作，配套的远程弹药、精确制导部件及射击指挥、毁伤评估等相关技术也开展了研究，关键技术正在加速攻关，迎头赶上。

（2）舰炮方面

我国舰炮装备经历了装备引进、技术引进、仿研、自主研制等发展阶段，经历了从无到有、从小到大、从手动到遥控以及从单炮控制到系统化的发展历程。经过多年的发展，在技术水平上与国际先进水平的差距不断缩小，主要战技性能也已达到了世界先进水平，作战能力在不断提高。但距远程精确打击、近程防空反导、非致命杀伤、近区防卫、岛礁综合防御等作战能力形成的军事需求尚有一定的差距。

（3）火箭炮方面

近几年，我国以箱式发射技术为先导，以提高弹药可靠性和武器系统的保障性为宗旨，重点开发具有储运发功能的箱式定向器，研制了 122mm 火箭炮、300mm 箱式火箭炮等装备，使火箭炮的装备水平和保障能力得到很大提高。在进一步提高射程及射击精度的同时，为后期大幅提升火箭炮武器平台的作战能力做好了技术及装备铺垫。和国外的差距，主要在于储运发箱系列化、标准化和通用化程度低。

（4）高炮方面

欧美高炮发展思路在技术层面已发生明显的转变，现役装备改进和新型武器系统研制的步伐同步推进，一批新装备大量采用新技术、新理念，战技性能得到显著提升。与国外相比，国内高炮系统在信息化和体系化发展及创新方面还不能满足各军种对装备的要求；装备模块化发展中，在制定标准、统一规范、保持协议等方面还存在明显的短板；现役各型高炮及弹炮结合系统综合作战效能较低，在设计理念和技术能力方面相较西方军事强国仍有差距。

（5）突击炮方面

我国基本形成以重型、轻型、两栖、空降四大系列为基本架构的装甲突击体系。自主研发的主战坦克、步兵战车、两栖突击车、轮式步兵战车等装甲装备，在火力、机动、防护及信息化能力上均处在世界先进行列，综合性能达到了世界先进水平。

（6）机载炮方面

在武装直升机航炮系统的基础理论方面研究较少，航炮系统的基础理论研究主要包括航炮系统与武装直升机耦合机理、航炮精确发射与控制的理论方法、航炮系统及关键部件可靠性、关键零件故障和失效机理、复杂冲击载荷及恶劣使用环境下异性材料界面连接特性机理等方面。需要继续开展航炮系统的基础理论和机理的探索与研究，进一步支撑高性能航炮系统关键技术的解决。

（7）自动枪械武器总体方面

近年来，我国自动枪械技术发展迅速，系统性开展了新一代枪械研制工作，实现可靠性、寿命的成倍增长，步枪精度也大幅提升，整体性能达到世界先进水平。榴弹武器方面在多个关键技术方面取得一定突破，但是榴弹发射器整体性能水平较国外先进装备尚有差距。智能枪械方面，我国同步开展了相关的技术研究和相关验证，相比美国已经开发出智能火控和制导枪弹，我国在工程化应用方面还需进一步提速。

（8）系统仿真测试方面

国内火炮研制单位、相关高校、试验基地等单位近年来也建立了火炮系统系统仿真和测试能力，基本满足了火炮研制过程系统仿真与测试需求，形成了对火炮系统稳定性、刚强度、精度、毁伤效能、可靠性等问题的仿真与测试能力。与国外相比，国内火炮领域系统协同仿真、体系测试、综合试验等技术方面还存在较大差距。我国仿真与测试技术研究高度依赖进口软硬件产品和技术，自主化水平较低，与国外存在较大差距；国内火炮系统仿真与测试系统级和系统性及精度有待提高；极端环境下的系统协同仿真与测试技术开展不充分。

2. 身管兵器发射技术

（1）弹道工程技术方面

在弹道理论与工程化领域，我国已经形成相对完整的理论和工程化研究体制，具备较为完善的针对各类常规弹箭、制导炮弹、制导火箭等开展弹道研究的理论和方法，并在工程化方面取得了众多的研究成果，形成了一系列的装备，有力地推进了我国兵器装备的发展。与此同时，我国在先进理论方法、制造工艺、工程化应用等方面尚存在差距。

国外军事强国推出的先进新型弹箭的速度及其射程、威力等性能指标都具有很强的领先性和革新性，表明了其领先的弹道工程化设计水平。而我国理论研究成果的工程化应用还有欠缺，很多工程化设计工作还是基于常规设计思路，不能适应新型弹箭弹道设计研究。

在内弹道高能增程技术方面，国外在火药的深层钝感工艺上要优于国内，生产的火药性能稳定性与一致性较好。我国的颗粒模压发射药，在点火射流作用下其分散一致性不好，影响了内弹道性能的稳定，有待改进模压工艺和点传火结构设计。我国自主研发的155mm 全等式模块装药具有明显优势，已经达到工程化应用水平。155mm 双元模块装药具有较好的兼容性，适用于 52 倍、45 倍、39 倍口径的 155mm 系列火炮。

在固体冲压发动机、连续旋转爆轰发动机等新型推进增程方面，国外已经开展了典型装备验证，我国工程化研制方面还有距离。

（2）身管兵器后坐阻力控制技术方面

美国前冲火炮技术已经成熟应用，我国尚在关键技术研究和应用探索中，没有形成典型产品，工程化应用存在一定差距。

国外在膨胀波火炮技术、二维后坐及其他新型后坐技术领域，形成了系列成果和验证经验。我国也在同步进行技术探索与研究，正在加速开展关键技术攻关，在技术持续攻关和工程经验积累方面尚有不足。

（3）身管兵器弹药装填技术

以欧美为首的西方军事强国目前服役的弹药自动装填火炮，射速指标基本达到了 8 ~ 10 发 /min，最先进或正在研制的自动装填系统正向 12 发 /min 甚至更高射速方向发展。而国内同类型服役的弹药自动装填火炮射速较低，但自动装填关键技术攻关进展迅速，技术能力已达到同等水平，正在加速工程化应用。可靠性方面，西方军事强国在弹药自动装填上完成了由机械化、半自动化、全自动化的发展，实现了弹药自动装填系统高射速高可靠性，国内在可靠性方面与国外存在一定的差距。

3. 身管兵器控制技术

（1）高精度快速自动瞄准技术方面

相对于国外发达国家，我国在随动系统方面的研究还有一定差距。调炮时间上，国外新型压制火炮调炮时间小于 6s，国内压制火炮调炮时间一般为 7 ~ 10s，还有提升空间；调炮控制方式上，国外新型压制火炮采用捷联惯导的实时调炮模式，实现了快速调炮、准确定位；信息化方面，国内随动系统只是为了实现各单元功能而进行设备集成。软件上和硬件相对封闭，在信息获取与传输、信息共享、信息处理、智能化控制等方面还有待提高。

（2）基于弹道测量的射击修正技术

美国在火炮技术发展和战术应用研究等领域走在世界前列，连续多年开展了火炮弹道测量设备及其应用技术的研究，并已经应用于新型火炮，显著提高了火炮作战效能。

我国依据自己的国情以及技术发展现状，在自主弹道测量与自主射击修正方面的研究时间较短，在装备技术研究和应用研究方面和国际先进水平还有一定的差距。

（3）车际协同火力控制技术

作为前沿信息技术发展的"领头羊"，美军不遗余力地探索发展移动通信技术、人工智能技术在军事中的应用，通过重塑信息系统架构、创新武器装备发展，保持其在信息化作战中的优势地位。

我国基于短波、超短波、卫星等多种通信手段，已经能够实现陆战场作战单元的互联互通。但在技术体制上，还存在战术互联网、炮兵/防空兵指控通信网络等多种组织体制，网络开设与重组耗时长、抗毁性不足；通信集成主要靠电台堆砌；传输带宽普遍较窄，不能满足日益增长的业务互联需求。

我国武器系统各作战单元之间交互关系较为复杂，作战过程中的要素融合与协同能力不强，可扩展性及面向作战任务的灵活性不足，需要进一步融合侦、控、打、评、保等作战要素，实现一体化闭环。

（4）机电负载、电源综合控制和智能配电管理技术

智能配电技术集成了电力电子技术和现代通信技术，技术含量高，西方发达国家对该项技术严格保密。国内智能供配电技术的起步与发展相对比较滞后，目前仅应用了低压智能配电技术，高压智能供配电方面处于发展过程中，并在不断缩小与国外的差距。

4. 身管兵器综合信息管理技术

（1）综合电子信息系统

虽然我国身管兵器综合信息管理技术研究起步较晚，但是发展进步迅猛。经过近年的发展，形成以总线为核心的分布式互联的综合电子信息系统结构，已在现役先进装备上得到应用，有效解决了装备电子系统之间的信息共享、车际车内信息互联互通和战场指挥控制，且现役先进装备综合电子信息系统所采用的技术体制与国外现役先进装备基本一致，处于国际先进水平。但是从技术发展水平与国外发展来看，还存在部分薄弱环节，主要体现在系统开放式、模块化、标准化程度不足，自主化、智能化的协同作战能力存在差距。

（2）通信网络技术

相比国外先进水平，我国通信网络技术通信速率低、抗干扰技术手段单一，组网规模较小、组网效率较低，与部队实战需要存在差距。在抗干扰能力及环境适应性方面，三军联合信息分发系统和武器协同数据链主要面向空空、空地等作战应用场景，其波形设计不能很好地适应地面传输环境。

国外先进总线网络技术正在向着更高带宽、更小延迟和更加灵活的方向发展，国内也有基于国外成熟网络的应用改进，与国外总线网络技术发展相比还存在网络总线的开发重

复使用率偏低的情况，以网络总线为中心的产业链尚未完全成型，网络总线的开发模式较国外基于模型的先进设计理念仍有差距。

（3）软件技术

国内身管兵器软件技术方面，底层硬件的 BIT 监控测试软件刚刚起步，仅在部分电子产品中做到了板级的电压和电流检测，功能模块级别的板级诊断和测试软件还没能在系统中部署使用。系统级别的软件也停留在初期阶段，功能构件软件还没有形成规模化开发和使用，健康管理软件仅仅完成了状态监测、系统告警、电子履历等功能，系统可靠性及诊断预测等软件功能还仅停留在理论研究层面，人机交互软件刚刚开始步入三维显示阶段，语音、头盔等新一代交互软件处于前期研究阶段。各种微处理器软件仅在基本控制和处理功能领域处理，并未渗透到各种测量前端。基于 FPGA 的态势感知、图像拼接等高性能处理软件技术仅在部分特殊领域使用，还没有在身管兵器系统中全面开展应用研究。国外嵌入式软件技术及其相关产品相对于国内技术与产品的稳定性有着十分明显的优势。

（4）人机交互技术

在人机交互技术方面，国内通过关键技术研究和装备应用，形成了一系列技术成果和产品。但对比国外技术发展，图像处理技术、虚拟显示技术还有较大差距，多点触控技术有待进一步研究和应用，多通道人机交互技术需要进一步补强。

（5）指挥控制技术

目前，国内研制的一些自动武器系统平台已经具备一定的自动化和数字化作战能力，初步完成装备信息化的综合集成以及陆军、海军、空军防空兵联合防空反导建设。但是与国外相比，在火力打击能力、信息技术、侦察技术、探测技术和目标获取技术方面，以及在基于数字化、网络化的系统总体概念、系统网络化结构、信息传输和处理等方面仍有待加强。

（6）仿真训练技术

在军事模拟训练技术发展方面，我国与美国的差距明显。尤其是在关键技术创新发展与应用、技术协议标准统一与联合作战训练能力等方面，具有较大差距。对比美军，我军需要加强对高科技技术的研究运用，尤其是最先进的仿真技术和方法，使模拟系统的发展能跟上高新武器装备的发展，使其尽快形成战斗力；模拟训练器装备体系建设上缺乏统一技术协议标准；我国装备的模拟训练系统几乎都是分散建设、独自运行、结构封闭的，只能适应某一领域的单独训练，不能开展分布式的多种武器一体化联合交互式对抗训练，无法满足信息化作战训练需求；仿真训练体系建设有待完善。

5. 身管兵器运载平台技术

我国身管兵器陆基运载平台系列化发展成为全球最为完善的体系之一，基于车载平台的身管兵器技术处于领先地位。

在行进间射击技术方面，以美国、俄罗斯、德国等为代表的西方先进国家非常重视自行火炮行进间射击相关的基础理论和关键技术研究，并在武器装备中得到了工程应用。而在我国，这方面的工作主要集中在相关技术的探讨性研究，无论在基础理论及关键技术方面，还是在工程应用方面，与国外先进水平都有较大的差距。在行进间车体与火炮响应研究工作开展得不够深入，未能实现行进间车炮一体化建模与仿真，在模型校验方面缺乏系统的研究；针对行进间射击线稳定的控制算法研究不够深入，计算模型在行进间与停止间参数使用上没有区分，所造成的影响缺乏研究；自行高炮行进间射击的精度较差，缺乏行进间射击效能评估的基本理论。

在人机环技术方面，同国外相比，国内产品研制更重视产品功能、性能的实现，对人机功效、乘员的舒适度、产品内饰及外观设计不重视，这一点和国外先进国家差距很大。

武装直升机运载航炮方面，我国总体技术尚存在差距，武装直升机集成23L型航炮和23-2S型航炮等，现役平台承载能力受限，威力不足，同时在射击精度理论、实验研究以及基础数据积累等方面存在较大的差距。基于运输机的多任务载荷集成尚在研究阶段，缺乏实战检验。

我国身管兵器与海基平台的总体集成适配技术，经历了系统化的发展历程，与国际先进水平的差距不断缩小，主要战技性能也已达到了世界先进水平，作战能力在不断提高，但距离作战能力需求还有差距。大口径舰炮与舰载平台的综合集成仍需进一步综合验证；基于无人平台的身管兵器发展迅速，整体智能控制与复杂环境适应性仍存在差距。

6.身管兵器新概念发射技术

（1）电磁发射技术

我国在电磁发射技术方面的研究起步较晚，但近年来的相关研究成果颇丰，尤其是电磁轨道发射技术的研究保持着持续增长的势头，在高功率脉冲电源技术及导轨抗烧蚀等关键技术上取得了部分重要突破。但是，与欧美发达国家相比，我国的电磁发射技术研究还存在一定差距。电磁发射技术理论研究基础相对比较薄弱，系统集成与能量规模方面依旧存在差距，电磁发射超高速制导弹药的研究工作亟待增强。

（2）电热化学发射技术

近年来，我国在电热化学炮技术方面加大投入，取得了很多的研究成果。但在一些关键技术上，与国外还有明显的差距。我国缺乏电热化学炮整车集成及兼容性设计，脉冲电源储能密度、关键元器件等低于国外水平，等离子体发生器、内弹道与装药结构等的设计存在差距，电热化学炮工程化应用与国外存在较大差距，缺乏专用试验靶道、集成演示等试验条件。

（3）燃烧轻气发射技术

我国燃烧轻气炮技术的研究起步较晚，先后开展了总体方案论证、内弹道方案仿真分析，完成了低当量低温气源系统方案设计与试制，开展了各种基础试验；建立了等熵绝热、双区零维及多维多相流燃烧轻气炮内弹道模型等。与国外相比，我国燃烧轻气炮专用试验条件建设薄弱，燃烧轻气炮基础理论和试验研究相对不足，工程化应用差距较大。

（4）等离子体发射技术

在等离子体发射技术上，国内开展了电热氢气机枪发射试验研究，与国外相比，还有明显差距。缺乏不同口径电热氢气炮发射技术系统研究，等离子体发射技术试验和理论研究不足，研究成果与国外差距明显。

7. 身管兵器材料与制造技术

（1）大口径身管用低成本耐热复合材料

美国开发的基于有机材料的低成本复合材料系统，具有高耐热性，采用低温工艺生产，适用于大口径火炮身管。我国此方面技术研究仍处于实验室探索阶段，尚未开展工程化应用验证。

（2）高模量碳纤维热塑性材料应用

美国利用纳米添加剂提高碳纤维增强热塑性复合材料的全厚度模量，用于大口径直瞄和间瞄火力炮管。纤维增强热塑性复合材料正被用于包覆直瞄和间瞄火力身管。我国在碳纤维热塑性材料基础研究与应用方面存在较大差距。

（3）新型润滑材料延长火炮使用寿命

美国海军开发用于中口径火炮的润滑材料，使其与传统润滑材料相比，可延长系统寿命、缩短维修时间、提高可靠性和实用性。而利用固体润滑剂进行表面处理，无需反复涂抹润滑剂。目前开发的新型表面润滑剂采用纳米复合材料技术，已在武器部件、车辆部件和机加工润滑方面得到应用。这种润滑材料能够在零部件全寿命周期内持续发挥作用，延长零部件使用寿命，使中口径火炮最大可发射 20000 发弹。我国缺乏该方面研究基础，身管兵器工程应用处于空白。

（4）仿生材料和纳米材料应用

国内外普遍关注新型隐身材料、装甲防护材料以及新型功能结构一体化材料等在身管兵器上的应用，工程应用方面处于齐头并进的发展阶段，但我国在材料基础理论和实验测试方面存在一定差距。

四、身管兵器发展趋势与对策

（一）身管兵器技术发展趋势和重点发展方向

科学技术的进步是火炮技术发展的基础，战争的需求是火炮技术发展的动力。面向未来信息化、无人化、智能化战场要求的日益提升，身管兵器装备将更突出远程、精确、协同等特征，对身管兵器发展提出新的要求。未来，身管兵器发展将呈现远程化、精确化、智能化、多能化、一体化、轻量化的趋势。

1. 远程化将成为身管兵器跨代提升发展的典型特征

当前和未来对火炮等身管兵器远程化提出明确要求，大口径舰炮最大射程将达到

150～180km；155mm 加榴炮最大射程有可能达到 120～150km。射程能力的大幅提升，将带动身管兵器的变革发展，颠覆传统身管兵器的作战运用模式及其在战场中的作用，形成全新的装备形态。身管兵器远程化发展是一个体系工程，不但依赖于身管兵器系统总体、发射技术、控制技术、综合信息管理技术、运载技术、材料与制造等核心关键技术的创新与突破，同时随着射程的扩展，装备在战场的态势感知、信息侦察、指挥通信、毁伤评估等体系需求也发生根本性改变，身管兵器技术的研究领域和范围将进一步扩展，以适应现代化战场装备体系对抗作战需求。

2. 精确化将成为现代身管兵器打击能力的基本要求

低成本高精度打击是身管兵器技术不断追求的目标。随着发射动力学、全弹道理论、炮弹药耦合规律等基础研究的深入与关键技术的突破，身管兵器发射控制精度日益提高，同时伴随着探测与导引、制导与控制、跟踪与瞄准等技术的快速发展，身管兵器及其精确化弹药紧密结合，尤其是在突出低成本优势的基础上，发展出炮射导弹、制导炮弹、弹道修正弹等系列化制导／修正类弹药，使得身管兵器由传统的面覆盖打击装备发展为点面结合、精准毁伤的新型装备。未来，身管精确打击能力将不断提高，低成本的制导控制模式不断扩展，卫星惯导组合制导技术将广泛使用，激光制导技术将进一步推广；同时红外寻的制导、毫米波制导、射频指令制导等技术也将日益成熟，实现身管兵器主要弹种精确制导、主战弹种"打了不管"，身管兵器低成本精确打击能力不断提高。

3. 智能化将成为身管兵器作战装备的内在基本要素

面向未来新型战场作战需求，具备智能化作战能力的身管兵器可进一步增强其对复杂战场的适应性和对抗响应的快速性，身管兵器智能化进程是决定其战场优势的关键因素。采用神经网络、强化学习等技术，利用人工智能独特的大规模并行处理、分布式信息存储、良好的自适应性和自组织性及其很强的学习、联想和容错功能等特征，可适应身管兵器实战环境中复杂噪声及杂波干扰下的目标特征提取与识别、任务规划与辅助决策、信息处理与敏捷控制等极其苛刻的要求，保证装备体系的高效、准确、可靠运行。同时，通过身管兵器智能控制芯片、智能操控系统、智能应用软件、智能信息部件、数字孪生等关键技术的研究，开发具备人－机完美结合、流程自主协调、状态动态调整、软件能力生长演化、虚实深度融合等特征的智能身管兵器，可实现高强度对抗条件下人和机器的统一协调，充分发挥装备性能，提高作战效能。加速身管兵器装备及其体系的智能化技术发展是身管兵器未来很长一段时间内技术发展的焦点。

4. 多能化将成为身管兵器装备效能增长的重要基点

在信息化、智能化战场中，作战任务的突发性、随机性和不确定性不断增长，单一功能作战装备的适应能力将面临严峻考验，要求未来身管兵器装备能够适应压制、突击、攻坚、防空等多种作战任务需求，突出身管兵器装备集约高效的特征。随着弹道兼容发射、多弹种快速自动装填、通用火力指挥控制、多用途制导弹药与引信等技术的发展，使得身管兵器具备实现多型弹药兼容发射、多种弹道模式打击、多模式火力控制、多种目标毁伤的能力，可以基于同一发射平台，实现对空中、陆上、海面等多个空间的不同目标实施高效打击。同时身管兵器还在发展巡飞弹、新毁伤机理弹药等技术，可以使身管兵器扩展遂行侦察、监视、打击、毁伤评估、电磁干扰、通信中继等功能，对身管兵器作战模式带来深远影响，将使身管兵器更有效地在现代战争中发挥自己独特的作用。

5. 轻量化成为决定身管兵器装备生命力的核心约束

未来战场中身管兵器最突出的优势将体现为其低成本和敏捷性，身管独有的高能发射方式是提高发射效率、降低打击成本的关键，在高能发射基础上减轻发射结构重量，实现身管兵器的轻量化全域机动作战能力将是其发挥敏捷火力打击优势的关键，必然要求传统的身管兵器设计理论不断革新，新型材料的应用不断取得突破，只有解决轻量化问题才能保证身管兵器作为主战装备长期发展的生命力。轻量化发展的重点是通过发射载荷分离技术、新型高效减后坐技术、瞬态承载路径结构优化、车炮一体化结构设计等关键技术研究，结合复合材料、轻质金属材料等新材料的应用，形成新的身管兵器结构形式，使身管兵器适应全域机动作战能力不断增强。

6. 体系化是身管兵器适应实战需求的综合能力体现

未来身管兵器的发展将更强调以任务需求和能力需求为依据，以实现武器装备整体作战效能最优为目标，科学构建身管兵器装备体系的组成、相互关系和体系结构等，并对体系需求方案进行科学的评估，确定体系化发展方向。通过构建面向观察－判断－决策－行动作战循环的新型装备体系，融合探测、侦察、通信、指挥、控制、决策、打击、评估等环节，发挥体系对抗的综合优势，结合身管兵器信息化、智能化的发展，加快装备体系建设。体系化研究中将更突出体系贡献率评估、一体化总体设计、集成优化与综合验证等方法的研究。

（二）身管兵器技术发展策略

1. 聚焦能力跨越提升，加速身管兵器技术体系调整与完善

身管兵器经过长期的发展，传统技术已经进入相对成熟的阶段，其技术体系与装备形态基本固化，发展空间受限。而随着远程化、精确化、智能化、多能化等跨越性能力需求的提出，对身管兵器技术发展提出全新要求，身管兵器技术领域面临快速更新和扩展的重大机遇与挑战。目前，世界各军事大国纷纷提出身管兵器跨代研制计划，确定了身管兵器发展的战略目标，对我国身管兵器发展形成压迫态势。我国身管兵器技术领域也以战略远程火炮、电磁轨道炮、多功能火炮、智能火炮、智能枪械等为背景需求，明确了相应的技术研究方向，但是技术研究相对孤立、分散，缺乏系统性和整体性，需聚焦身管兵器跨越发展目标，系统梳理技术发展方向与重点，在分析现有身管兵器技术体系对支撑装备跨代发展中存在的欠缺与不足的基础上，完善包含基础技术、关键技术、支撑技术、前沿技术

等不同技术层次在内的身管兵器技术体系，实现身管兵器技术的整体布局优化与序列有效衔接。

2. 面向装备体系建设，强化身管兵器系统工程与顶层设计

现代身管兵器装备建设突出陆、海、空、天、网络电磁空间的一体化联合运用，身管兵器不再只局限于孤立地发展单一装备，而是构建完整的装备体系，包括主战装备、指挥信息系统、保障装备等，满足装备信息化、智能化建设需求。从国外装备发展的经验来看，身管兵器装备研制与改进强调综合论证与协调发展，突出装备融入作战体系，实现侦察、通信、指挥、效能评估、气象测地保障等一系列问题的科学协调发展。我国身管兵器也面向装备体系发展开展了身管兵器系统工程和顶层设计研究，但是更强调武器装备接入作战体系，适应工程应用需求，缺乏从源头体系规划的系统论证与顶层设计。我国需瞄准世界身管兵器装备体系前沿向导的目标，结合我国身管兵器发展实际，组织开展身管兵器综合论证与顶层设计工作，探索新型身管兵器装备体系的发展方向与重点，创新装备体系形态，实现身管兵器在现代战场的技术增益与效能倍增。

3. 夯实基础理论研究，支撑身管兵器自主发展与前沿引领

我国身管兵器装备工程研发能力处于国际先进水平，研发了系列国际明星装备，但是与工程研发能力相比，基础理论研究相对滞后，理论体系不完善，导致仿真分析与验证能力不足，研制过程大量借助于试验验证，研发效率偏低。近年来，我国在发射精确控制、炮弹药耦合等方面取得一定的理论成果，但是距离构建起完整的自主基础理论体系尚有差距；同时，身管兵器涉及的部分特种材料、核心器件等仍依赖进口，制约了身管兵器的自主可控和前沿引领发展。我国身管兵器在发展先进装备的同时，要加强基础理论、基础技术、基础材料、基础器件等的技术准备与储备，合理匹配工程研制与基础研究两方面的高端人才、研究经费和研究条件保障。针对身管兵器在理论与技术瓶颈、材料与器件空白、先进设计与前沿创新等方面存在的不足，整合科学技术研发力量，展开专项研究，制定长期发展目标，促进我国先进身管兵器理论体系的形成与自主研发能力提升。

4. 关注学科交叉运用，推动身管兵器技术可持续创新发展

当前，学科交叉融合发展是大势所趋，全球广泛关注，也为推动身管兵器技术快速创新发展提供了新机遇。身管兵器发展必须摆脱惯性思维，面向重大战略需求和新型科学前沿交叉领域统筹与部署，对身管兵器的多学科综合性复杂问题进行协同攻关。随着身管兵器向精确、远程、智能发展，身管兵器与高超声速空气动力学、超声速燃烧、人工智能、增材制造等学科或技术深度交叉融合，形成身管兵器全新的发射、弹道、控制与毁伤等模式，将可为身管兵器创新发展提供新的发展方向与动力。我国身管兵器发展需要瞄准前沿创新发展需求，在充分吸纳相关技术发展成果的基础上，开创身管兵器新的科研范式，大力整合国家重点实验室、创新中心等国家级创新平台，打破学科与行业领域间的壁垒，形成新的学科增长点，为我国身管兵器技术发展、人才培养、创新驱动奠定基础。

5. 落实军民融合发展，扩展身管兵器基础与能力支撑领域

我国身管兵器技术发展过程中形成了一个完整的科学、技术与工业体系，曾经有力支撑了身管兵器的快速成长与发展。当前，在身管兵器领域交叉日益加强、技术领域日益扩展的发展背景下，身管兵器相对封闭的发展体系在一定程度上制约了技术的快速创新与工程的高效研制，需要充分利用我国完整的科学、工业资源，着重发挥军民资源各自的优势，通过协同互动放大发展效益，实现民用技术对身管兵器的有效支撑，同时也促进身管兵器相关技术在民用领域的移植应用。发展过程中需要深度整合研究院所、高校、工厂的力量，通过构建开放的技术研究体系和装备研发体系，激发体系协调发展的活力，促进身管兵器在学术、技术、工程等各个方面的一体化统筹发展。改变身管兵器依赖自身体系支撑的不足，将民用领域在机械制造、器件生产、软件开发、电气开发等方面的优势资源引入，为身管兵器发展提供广阔的基础和能力支撑。

6. 重视成果转化应用，促进身管兵器技术与人才共同发展

我国身管兵器发展过程中积累了大量的技术成果，尤其是以高校、研究所为代表，形成一系列达到国际先进、领先水平的成果。但是长期以来，成果转化方式单一，对创新成果的转移、奖励与维护等缺乏积极性的促进与保护机制，导致成果转化效益不明显，科技人员对成果转化积极性不高等问题。当前，我国正在全面实施创新驱动发展战略，并强势推进科技成果转化。要抓住机遇，在突出身管兵器技术及其成果生成与应用特点的基础上，探索加快成果转化应用的渠道和激发科技人才持续产出的活力，为推动身管兵器技术持续健康发展提供政策与机制保证。

专题报告

身管兵器总体发展研究

一、引言

身管兵器以化学能、电能或其他形式能量为能源，采用炮管、枪管、发射筒、定向器等管形结构，将炮弹、火箭弹、枪弹、电枢等发射出去，对目标产生毁伤效果的武器。随着科技发展和战争需求，身管兵器已经从单一管形兵器，发展成为集机械、电气、信息、控制等技术于一体的武器系统，装备于陆、海、空各军兵种。

身管兵器具有品种齐全、机动性高、发射速度快、反应时间短、持续作战能力强、持续作战效果好、抗干扰能力强、操纵灵活简便、工作可靠性高和经济性良好等显著特点。身管兵器的典型代表有坦克炮、大口径自行加榴炮、火箭炮和弹炮结合系统等，具有"战争之神"的美誉，以"火力突击、远程压制、防空反导"为其核心使命。

身管兵器总体技术主要涵盖了装备总体指标论证、总体设计、身管兵器设计理论与方法、装备一体化设计等多个方面。近年来，随着科学技术的发展、现代战场的变革以及未来战争的需求，常规身管兵器总体在体系构建、系统总体、多学科协同设计、一体化设计、弹道规划、效能评估等技术领域取得重大突破，相关技术已广泛应用于身管兵器总体设计，达到实用化水平；在智能集群、战场环境协同火力控制、智能化武器装备、低成本设计等技术领域已具备一定理论研究基础，可为武器列装、产品化工程应用提供一定的经验。

二、国内的研究发展现状

（一）融入体系需求的身管兵器总体设计理念

现代战争是体系与体系的对抗，武器装备体系设计是紧密围绕作战任务和能力需求，以优化功能、性能配置，合理分配资源，充分发挥整体效能为目标，实现武器装备体系的高效设计。身管兵器总体设计理念逐步向融入体系需求的方向发展，建立了从需求层次分解到基于装备特征的功能性能迭代匹配，再到分散成员集成显现体系效能的装备体系顶层设计框架。

基于"作战概念牵引、能力需求主导、功能使命匹配、综合贡献评估"的总体设计理念，基于体系设计理论已经构建了身管兵器在现代化战场中作战运用模式、任务能力匹配、核心制胜机理、价值定位分析、体系贡献评价的全寿命周期体系工程研究方法，实现了身管兵器自顶向下的体系设计流程。

1. 身管兵器体系作战能力生成方法

围绕现代战争体系对抗的特征，身管兵器体系作战能力生成方法以国家安全战略、未来威胁形势评估、军队使命与建设方略、现有能力框架及工业经济支撑情况等方面的体系分析模型为输入，转化为装备体系总体功能、战技指标、体系组成、体系结构、技术和保障等多方面的体系需求方案，以需求方案为身管兵器顶层设计的牵引，结合身管兵器的特点，开展装备的顶层设计和综合集成，实现身管兵器研发从"交装备"向"交能力"转变。

目前，新一代身管兵器的顶层设计中已经运用武器装备体系一体化设计方法（Weapon SoS Intergrated Design Method，WSIDM），初步形成了融入体系的总体设计方法和工具。构建的体系作战概念分析模型，为新型装备发展和建设提供了评估框架和方法；以作战概念模型为基础，建立的体系能力需求分析框架，可在对比现有能力基础上形成任务需求清单，为身管兵器总体设计提供方向指导；建立的能力价值定位分析模型，能以定性与定量相结合的方法表示出身管兵器各项能力在需求清单中的价值属性，为功能性能分解设计提供依据；建立的需求轨迹匹配模型，能够在能力需求和价值定位的全局指引下，进一步分解得到身管兵器综合指标体系，为装备总体设计提供具体的设计要求与依据。

WSIDM 在实践过程中，面向远程火力打击能力建设需求，论证了以战场联合信息系统为中心，以中远程火炮、远程火箭炮、中近程导弹等为骨干火力，以战场通用保障系统为支撑，以空基、海基、多栖火力装备等为辅助火力的区域战场快速协同火力打击装备体系，可适应战场高强度火力对抗的体系能力需求，体系作战能力生成的方法运用初步得到验证。

2. 面向装备体系的身管兵器效能评估方法

身管兵器融入装备体系能力框架的有效性主要基于效能评估进行评价，效能评估是支撑装备规划论证、作战运用、改进提升的核心依据。当前效能评估已经由装备级的评估向体系级的评估转变，装备在体系支撑下的效能提升方向及其评价方法逐渐完善。

运用探索分析法建立了装备体系在全局不确定性因素影响下的身管兵器能力评估模型，能够有效探索身管兵器在装备体系中的性能指标和应用策略，全面把握各种关键要素，提出高效且适应性强的解决方案，清晰展示身管兵器在装备体系中的能力视图。

目前常用的体系效能评估方法有三类：装备结构优化方法、装备体系对抗表法、兰德战略评估法。主要特点是基于解析模型和运筹学，将身管兵器纳入装备体系中进行建模，对效能进行综合评价，得到身管兵器在装备体系中的效能增益。

体系效能评估方法以装备体系能力构建为目标，采用"1+N"（1型新型身管兵器+N型现有装备）体系作战效能研究方法，重点关注身管兵器各种静态效能指标对体系效能的影响。以火力打击装备体系发展为例，基于体系效能评估方法，现有身管兵器设计理论探索提出了身管兵器"远程火炮点面结合持久作战、中近程火炮机动部署多能作战、突击火炮高低兼容大威力作战、防空高炮末端密集防御作战"的发展思路。

3. 信息力倍增条件下体系作战优化理论和方法

基于独立装备效能评估方法，无法阐释信息化条件下"1+1＞2"的作战能力倍增效应。这是因为信息化条件下装备体系的构建离不开信息的支撑，如"网络中心战""精确作战""马赛克战"等新的作战理论是指导信息化条件下作战体系形成的基础。体系优化理论和体系优化方法为身管兵器在信息保障条件支撑下融入装备体系，实现能力倍增提供了优先发展方向的依据，以该理论为基础的各种决策支持系统和智能作战系统为信息化作战体系优化、作战方案的制定提供科学的工具。

目前常用的体系作战优化理论和方法主要有两类：体系仿真方法、试探性建模与仿真方法。体系仿真方法以计算机程序模拟身管兵器体系对抗、作战单元和多维战场环境的基础上，通过按照想定的程序推演，分析得到身管兵器在装备体系中的效能。目前仿真方法已发展到以 HLA 和 DIS 为代表的分布式仿真，具有模拟精细、效果突出等优点。试探性建模与仿真方法，建立了以定性、定量相结合的面向装备体系对抗仿真的研究平台，以 Agent 实体建模为基础开展仿真分析实验，积累了大量基于"案例–效果"映射关系的体系对抗仿真数据。

采用仿真模拟的方法，将身管兵器纳入不同装备体系，根据不同层次的信息能力构成不同层次的作战体系，各类装备与作战人员构成诸多作战单元，诸多作战单元的共同作用将形成整体战斗力，最终形成整体作战效能优势。通过仿真模拟，可明确身管兵器信息化能力提升的建设思路。以压制火炮为例，基于战术互联网正在构建通用化程度高、易拓展的身管兵器武器系统，实现侦察、指挥、火力、保障系统的互联互通，共享战场环境信息和态势信息。这一系统具有侦察、指挥、打击、评估、保障等要素自主协同能力，可高效执行战前任务规划、战时监控协调、战后分析评估的全过程指挥以及完善的训练保障。

4. 身管兵器在装备体系中的贡献率评估

基于未来作战样式，身管兵器火力打击旨在形成和保持"更远、更快、更融、更准、更巧、更狠"的非对称火力打击优势，呈现远程化精确打击、多域化多能打击、体系破击式打击、全域化先敌打击等特点。基于上述特点分析身管兵器在装备体系中的作用，通过从体系性能、体系功能、任务效益、综合贡献等角度进行综合评估，为面向装备体系的身管兵器的规划计划或总体设计提供了依据，有利于为身管兵器重点建设方向遴选和资源条件分配等提供定量决策支撑。

身管兵器在装备体系中的贡献率评估任务主要是分析身管兵器对整个体系作战能力的影响作用，重点在于需求满足度和效能提升度两个方面。目前常用的评估方法有解析类方法、仿真类方法和评价类方法。解析类方法，以模型解析计算、数据统计分析为主，如能力指数法、Petri 网法、质量功能展开法、数据统计分析法等，这些方法基于大量的设计数据、研制数据、使用数据，适用于对某一项具体的装备进行贡献率分析。仿真类方法，以推演、仿真为主，如兵棋推演法、作战仿真法，这些方法适用于对现役装备的不同使用模式进行贡献率分析，使用场景和使用对象不同，贡献率分析结论也会不同。评价类方法，以专家经验判断、多属性综合评价为主，如专家调查法、层次分析法、网络分析法、价值中心法等，这些方法适用于在宏观、战略层面对大系统贡献率进行分析，需基于行业专家经验进行要素分解和评价。

现有理论针对身管兵器在火力打击体系的贡献率评估开展了相关理论和方法研究，采用基于数据包络线分析（Data Envelopment Analysis，DEA）的解析法，利用数学规划模型，建立了具有多个输入的身管兵器功能性能参数模型，对应生成装备在火力打击体系中的多个输出决策单元，对输出决策单元中的观测值对比得出相对效率水平，可以有效确定身管兵器不同因素对火力打击作战体系的贡献度。

（二）基于系统工程的身管兵器总体设计方法

身管兵器武器系统是为完成一定作战任务，而由功能上相互联系、相互作用的不同装备按照作战原则和规律综合集成的有机整体，目的是使其在完成可能面临作战任务中，能够发挥最佳的整体效能。身管兵器武器系统的具体构成随着军事需求和装备技术发展而不断演进。如何论证武器系统组成、探索武器系统作战使用和规划武器系统研制和装备路线，是身管兵器武器系统总体层面需要研究的重点。

1. 基于模型的身管兵器系统工程方法

基于模型的系统工程（Model-Based Systems Engineering，MBSE），支持身管兵器以概念设计阶段开始，持续贯穿于开发和后期的生命周期阶段的系统需求、设计、分析、验证和确认活动，将全寿命周期过程中的各类计算机数据模型融入产品研发管理活动，形成一个完整的系统模型，支撑身管兵器装备系统的高效研发。

采用基于模型的系统工程方法，我国在新型远程火炮等装备论证与设计过程中实现了自顶向下、场景驱动的建模过程。这一过程中使用系统建模语言（Systems Modeling Language，SysML），从作战能力需求建模出发，通过系统模型分析确定了装备功能、接口、数据、性能等需求，进一步将系统分解为逻辑组件，构建了相应的逻辑架构，结合身管兵器的技术现状和趋势，确定了支撑装备系统逻辑架构实现的软件和硬件单元，经过优化设计形成系统集成方案，并在设计、研制过程中全程追踪管理需求，实现了模型的迭代更新。整个建模过程始终保持对模型的确认和验证，保证了模型的真实性和全程数据的综合积累，实现了系统的高效集成设计。

2. 基于效能评估的武器系统总体论证

目前常用的系统效能评估方法有指数法、有效性 – 可信性 – 能力（Availability–Dependability–Capacity, ADC）法、层次分析法。此外，专家评定法、试验统计法、作战模拟法、参数效能法、系统有效性分析方法等定量定性分析，也被配合使用于一些特定武器系统效能评估中。近年来，相关理论方法为我国身管兵器武器系统的研制、装备、生产、定价、全寿命周期管理等环节提供了大量科学、合理的综合评价数据，并以此为研究基础，提出了"成套论证、成套研制、成套装备"的发展思路。这一思路已经在新型远程榴弹炮武器系统、大口径舰炮武器系统、弹炮结合防空武器系统等方面广泛应用，为我国身管兵器武器系统的成建制研制、装备、生产、定价、全寿命周期管理等环节提供了基础理论、方法、模型支撑，加速了装备的战斗力转化。

以 155mm 车载加榴炮压制武器系统为例，该武器系统由主战装备、信息装备和保障装备组成。其中，155mm 车载加榴炮为主战装备，即以直接用于毁伤敌方兵力、武器装备和破坏敌方各种设施的武器为核心，加上相关的配套保障装备等构成的系统，包括 155mm 口径火炮、对应的火控系统及卡车底盘平台等；配备的指挥车、通信车等装备属于信息装备，用于获取战场信息，指挥控制身管兵器遂行作战，确保各类信息的传输与共享等；配备的弹药运输车、维修车等装备属于保障装备，用于作战保障、装备技术保障和后勤保障。

3. 持续优化的武器系统总体编配方法

武器系统以营连建制为研究对象，开展轻武器、装甲武器、压制武器、防空武器、空中突击武器、舰载武器等主战装备不同编配下实施火力打击与战场突击的能力研究，确定完成战场给定作战任务所需的战场编配与系统配置。基于现有理论开展了侦察、通信、指挥与电子战装备等信息装备与主战装备的信息互联研究，重点关注装备协同、信息共享、自组织能力提升对能力倍增的影响，并指导武器系统概念与综合论证、系统总体集成与优化、系统综合电子、系统仿真与虚拟样机、武器效能分析和综合性能试验验证与评价等技术的发展。同时，开展工程保障、防化保障及综合保障等能力研究，基于身管兵器装备配置形成一套完整的训练和战时保障体系，同时兼顾其他身管兵器的技术和后勤保障。

在理论研究的基础上，结合部队的作战训练和实战演习，综合衡量一定编制编配下身管兵器武器系统的火力打击能力、机动能力、防护能力、信息能力、保障能力等，既对体系总体论证结果的优劣进行验证，又对平台装备的功能性能指标提出具体的约束要求。在作战理论和实践中持续优化改进，优化提升武器系统总体作战能力。

（三）面向先进设计的身管兵器总体支撑技术

在军事需求牵引和现代科学技术发展的双重推动下，身管兵器已经发展成为集火力、信息、控制、动力、防护等多种技术于一体的武器系统，广泛装备于陆、海、空、战略等各军兵种，是战场上常规武器的火力骨干。身管兵器总体设计是对其火力、信息、控制、动力、防护等方面的全局设计，核心是确定整体框架和逻辑结构，并对实现过程进行具体的物理设计，形成综合的处理方案，是决定身管兵器可行性和先进性的基础。根据现代身管兵器高品质、高效率研制需求，在身管兵器总体设计的总体方案的选择与评价、指标体系的分配与确定、功能性能的选择与融合、硬件软件的实现与集成等活动中，采用先进设计方法和集成优化技术，实现总体方案的快速迭代和综合优化是总体设计研究的重点。

当前针对身管兵器的独特特征，重点开展了通过基于精度控制的总体参数动态优化、动态载荷约束下的总体集成，基于虚拟样机的总体设计、总体性能综合测试与验证等关键技术的研究，提升了身管兵器总体设计能力，为打造卓越的身管兵器装备奠定了良好的基础。

1. 总体设计方法

随着科学技术的发展，尤其是近年来计算机辅助设计或分析工具的深度应用，促使各类新设计方法和手段的不断涌现，给身管兵器的结构设计、强度分析、性能分析、模拟验证与试验测试等带来了诸多新的变化。产品设计由静态设计向安全寿命设计的动态设计方法转变，由校验型设计向预测型设计转变，由粗放型设计向精细化设计转变。利用现代设计理论和方法，逐步建立各类数据库、专家知识库、设计规范、设计方法、设计准则、试验规范和工艺规范，形成较为科学的现代设计体系和虚拟试验体系。

射击精度是决定身管兵器总体性能的重要参数，直接影响着作战效能，也是评判身管兵器研制成功与否的关键。而影响射击精度的因素众多且隐蔽，因素间又相互关联，导致问题呈"动态关联"变化，其难点就在于如何"诊断"出影响射击精度的相关原因并加以解决。国内在发展过程中创造性提出身管兵器层次结构综合建模理论，建立身管兵器发射过程力和状态参数的综合传递模型，揭示了身管兵器发射平台的牵连运动对弹丸膛内运动的作用机理，提出了角运动控制方法，阐明了弹带与内膛的耦合作用机理，提出了弹炮耦合控制技术，揭示了身管兵器发射过程关键参数误差的传递规律，构建了身管兵器射击精度控制理论，形成了基于精度控制的总体设计方法。

近年来，在身管兵器发射技术不断进步的基础上，与运载平台技术、自动化技术、信息化技术等多项技术相融合，突破了身管兵器与运载平台功能性能一体化设计技术，经过大量的行驶和实弹射击试验验证，丰富了身管兵器的总体设计方法。

2. 总体集成设计技术

近年来，随着身管兵器行业的发展与磨合，国内集成设计技术创新性逐渐增强，一批身管兵器集成创新设计技术被相继提出，总体集成设计朝着小型化、紧凑化和一体化方向发展，部分技术处于领先地位。

在载荷缓冲及其定向传递控制领域，轻型高机动、大威力的车载榴弹炮成为各国发展主流，其高机动底盘对载荷缓冲提出了比传统履带式自行火炮更为严峻的设计要求。目前我国针对强冲击载荷下的高效缓冲与载荷定向传递控制技术已经取得系统性突破，在轻型高机动车载榴弹炮武器装备研制过程中，有效解决了系统超重、强冲击引起的结构破坏、火控等信息化设备的工作不可靠、无故障间隔射弹数不达标等难题，该技术跨入了世界一流梯队，部分技术国际领先。

在底盘车架与火炮大架功能相融领域，自行、车载压制火炮底盘车架结构除了需要满足行驶功能性能要求外，还需承受火炮发射过程中传递的后坐阻力。可见，底盘车架结构承担着车架和火炮架体的双重角色。在火炮设计之初需进行底盘车架与火炮大架结构的相融性设计，实现火炮架体与车架的一体化；不同于传统大口径牵引火炮笨重的大架结构，火炮车架、大架融合结构需规整、体积适中，满足火炮射击稳定性要求的同时还需要具备良好的收放、行军功能，实现中大口径火炮高机动性与强火力性的结合。

目前，载荷缓冲及其定向传递控制、底盘车架与火炮大架功能相融等总体集成技术已在155mm车载加榴炮、122mm车载榴弹炮、120mm迫榴炮等武器装备上得到应用，威力、机动性能指标均达到先进水平。

3.系统仿真技术

身管武器系统日益复杂、功能不断完善、性能不断提高，通过逐步、多轮开展基于实物样机的验证试验周期长、成本高、考核不充分，为了满足武器系统级仿真需要，开展了武器系统侦察、指挥、毁伤评估、信息交互等仿真，虚拟战场、装备体系对抗与战场环境推演仿真，全数字化虚拟样机仿真、系统半实物仿真，高逼真度目标特性与战场环境仿真、实时视景仿真、分布式实时动态交互仿真、分布式异构模型交互仿真等研究。以此对系统级、作战平台级作战流程、顶层功能、指标体系等进行验证，以支撑武器系统顶层优化设计、系统综合效能提高等。

经过数年的发展，尤其是随着仿真计算条件和测试仪器技术的快速发展，仿真与测试软硬件条件得到了完善，武器系统仿真技术有了长足的发展。目前为止，我国构建了相对完善的多体系统动力学、有限元、断裂力学、模态分析等仿真软件，具备开展身管兵器振动响应、结构强度、疲劳断裂等仿真能力；内弹道与装药设计仿真领域形成了零维、一维、二维内弹道建模及仿真条件，具备开展多维多相流场仿真、冲击波仿真等能力；电磁兼容性仿真具备从电路板件、箱体、系统等多层次建模仿真条件，覆盖整个电磁频段，提供了完备的时域和频域全波电磁算法、高频算法。随动与控制系统仿真借助控制器软件技术的快速发展，已经从单纯控制算法的模拟，发展到了涵盖机、电、液、气及电磁各专业领域的耦合，为装备制定控制策略、编写控制算法、改善控制品质等提供重要参考。此外，还开展了流场仿真、侵彻与爆炸仿真、新型发射技术安全性仿真、嵌入式仿真等。

在各专业领域仿真基础上，通过多学科联合，构建了集成身管兵器结构、弹道、动力学、电气、液压、控制、信息等多方面的联合仿真模型，实现了不同模型的集成和模型间的动态数据交互，为身管兵器系统分析、总体设计和优化提供全局的仿真手段，支撑身管兵器系统系统级仿真研究，也为身管兵器的虚拟样机集成提供了工具和方法。

4. 综合测试验证技术

身管兵器测试验证技术围绕各类大口径远程身管兵器、高膛压坦克炮、近程末端防空火炮、电磁炮、自动枪械等身管兵器研制需求，开展自动供输弹系统可靠性参数测试、高射速火炮射击精度关键参数测试、弹炮耦合响应测试、全弹道参数测试、多目标探测试验与测试、水下超高速射弹试验与测试、超高射速弹幕拦截试验与测试等技术研究；开展了电磁炮等新概念火炮强电磁环境下系统响应测试、强电磁场参数测试等技术研究；开展了各类身管兵器毁伤参数测试与评估技术研究，构建了动态毁伤测试评估体系；开展了身管兵器结构微型传感器"植入"、结构响应信息传输以及信息化结构输出、传感器与适配电路的集成设计、在线故障诊断与健康管理等关键技术研究，支撑了特殊专用传感器、炮载智能系统、测试系统等研制。

随着新型榴弹炮、电磁炮、金属风暴、超空炮等新一代武器系统性能及功能的进一步提升以及先进发射技术的涌现，武器系统的工作环境更为恶劣，强电磁环境、强瞬态性、高温、高压、高过载等特性更为突出、耦合性更强，对系统稳定性、刚强度、精度、毁伤效能、可靠性的影响更明显，关键参数"测不到""测不准"等问题日益突出，对系统测试提出了更高的要求。

近年来，开展了火炮发射过程极端复杂环境下系统建模和测试原理与方法、特殊专用传感器研制、测试系统集成、毁伤威力测试与评估技术等研究，逐步形成了身管兵器测试能力，基本满足了身管兵器研制过程系统测试需求，形成了对稳定性、刚强度、精度、毁伤效能、可靠性等问题的测试能力。具备身管兵器线位移／速度／加速度、角位移／速度／加速度、压力、冲击波、动态应变、温度场等参数的准确测试。同时，结合综合测试技术的应用，在身管兵器的在线诊断以及健康管理、信息智能结构等方向取得了重要进展和初步应用，为装备无人化、信息化、智能化发展提供了重要支撑。

三、国内外发展对比分析

（一）压制火炮总体发展

从压制火炮武器装备的研制、生产、使用和保障全过程来看，我国压制火炮武器装备的综合性能已基本达到国际先进水平，压制火炮总体技术水平已基本跨入国际先进行列，个别装备和单项技术如车载炮一体化设计、全等式模块装药等处于国际领先水平。但和西方国家相比，还存在一定的不足和短板，主要体现在以下几个方面。

1. 集成设计与优化技术

西方国家已经形成了跨国界、专业化、标准化的产品配套体系，能够支撑新型身管兵器的创新发展。一种身管兵器需求的提出，主要基于盟国各专业生产商的产品和技术，专业产品生产商能够配合新的需求提出切实可行的解决方案。国外的集成设计技术创新性较强，更加注重小型化、紧凑化和一体化设计，工程研制阶段的技术风险也比较小。

国内身管兵器集成设计的融合度还不高、创新性还不强，一款新装备设计与部件选型时可供选择的产品与技术范围较窄，过去一般只局限在本研究领域范围内，近年来才逐渐打破了行业壁垒，将航天、航空、船舶等行业的技术和产品，通过集成设计应用到身管兵器中，显著提高了装备的作战性能。同时，技术和装备研究过程中，系统总体和弹药系统研制结合不紧密，过程相对分离，导致同一口径系列的火炮弹道、弹药兼容性、适配性不好，最后出现问题需要花很大的精力和财力来解决，往往效果欠佳。

2. 远程精确打击技术

以美国为首的北约多国尝试增长身管以获得更高的初速及初速稳定性，经过多年探索，最终确定23L药室52倍身管，发射底排增程弹的最大射程为40km。不仅如此，弹药发展进入新时代，尤其以南非为代表的模块发射药，火箭增程弹等技术进一步提高了155mm火炮射程，使得52倍155mm火炮的射程超过了70km。2015年，俄罗斯新一代52倍152mm火炮2S35联盟SV，射程也已超过70km。德国也于2019年公布了其具有83km射程能力的155mm火炮火力系统。在此背景下，美国在远程精确火力（Long-Range Precision Fire，LRPF）计划中加入增程加榴炮项目（Extended Range Cannon Artillery，ERCA），通过弹炮药共同发展，将M109射程提升至70~100km。这标志着155mm火炮系统将迎来下一座射程里程碑，即70km大关。

我国以大口径压制火炮为背景开展了陆用型、岸防型、舰载型火炮的论证和相关研究工作，对配套的远程弹药、精确制导部件及射击指挥、毁伤评估等相关技术也开展了研究。更远射程的火炮已启动关键技术攻关，正在迎头赶上。

3. 人机工程设计

国内产品研制更重视产品功能、性能的实现，对人机功效、乘员的舒适度、产品内饰及外观设计不重视，这一点和国外先进国家差距很大，在历届的国际防务展上对比明显。

近年来，业内已经认识到这个问题，虽然比以前有所重视，但相比国际先进水平仍有一定差距。相对来讲，国内外贸产品在身管兵器的人机工程设计理念、工业设计概念、先进技术和设备使用等方面发展更快，产品的人机功效也更优。典型如155mm车载加榴炮武器系统，在驾驶室空间、座椅舒适度、舱内环境控制、上下踏板位置等方面做了大量的改进提升，表现出更加优异的人机功效。

（二）舰炮总体发展

我国舰炮的发展从最开始的借鉴、仿制，到现在的自主创新，逐渐形成了末端小口径多管防空舰炮，近、中程集防空反导、对海、对岸等多项使命任务的中口径舰炮及对海攻击和对岸火力支援的大口径舰炮发展体系。

近年来，各国在舰炮的总体设计、结构、材料等方面的研究有了极大进展，舰炮的作战能力有了显著提高，舰炮已经成为涉及信息技术、材料科学、含能材料、先进制造等多个前沿领域的武器装备，新型舰炮武器将在水面舰艇对陆远程目标精确打击、末端防空反导以及应对低强度海上冲突等作战任务中发挥重要作用。目前综合性能已基本接近和达到国际先进水平，但和西方国家相比，还存在一定的不足和短板，主要体现在以下几个方面。

1. 末端防御舰炮总体发展

在舰载防空、反导任务中，小口径多管近防舰炮凭借其高射速对低空目标的射击效果，可有效弥补导弹对空和对海上目标射击的拦截死区，是舰艇低空防御必不可少的武器。采用高新技术的多管近防小口径舰炮具有其他武器所无法替代的末端反导的独特作用，是对付反舰导弹的最后屏障。典型代表如美国"密集阵"近程武器系统、俄罗斯"嘎什坦"近程防御系统、荷兰改进型"守门员"近程武器系统、德国"海蛇"舰炮、英国"海鹰"LW30M舰炮、土耳其"克德尼兹"舰载近程武器系统。

国产30mm近防炮用于末端防空，在射速等指标上达到了国外先进水平，但在雷达跟踪精度、系统散布误差、自动机可靠性等方面与国外有一定差距，亟待增强。

2. 中近程多功能舰炮总体发展

中口径舰炮武器系统集防空反导、对海、对岸等多项使命任务于一身，是一种具有较强综合作战能力的舰载武器。现役中口径舰炮型号和数量较多，在海军舰艇上广泛装备。目前世界各国中口径舰炮已形成比较稳定的口径系列，其中美国和意大利中口径舰炮主要由76mm和127mm舰炮构成；俄罗斯中口径舰炮主要由76mm、100mm和130mm舰炮构成。

国内中口径舰炮主要由130mm舰炮系统、单管76mm舰炮等构成，在射程、威力等指标上达到了国外先进水平，但在信息集成、多任务管控、系统优化匹配方面与国外有一定差距。

3. 大口径舰炮总体发展

大口径舰炮的主要使命任务是对海攻击和对岸火力支援。在"由海到陆"的指导思想下，对陆攻击已成为舰炮的重要作战任务，新型大口径舰炮的研发力度不断深化。在新型大口径舰炮的口径选型论证中，西方国家一致选用了155mm口径作为下一代大口径舰炮的发展方向，美国AGS 155mm舰炮已经列装。

国内大口径舰炮目前主要以130mm口径为主，正在开展更大口径、更大威力、更远射程的大口径舰炮相关技术研究。相比美国等军事强国，我国的大口径舰炮在射程、威力、精度以及信息化、智能化等方面都存在一定差距，亟待加速技术攻关突破和新型装备研发，适应新时代新型海军能力建设的需求。

（三）火箭炮总体发展

伴随着各国炮兵兵力建制单位的削减，炮兵装备序列相应精简，具体表现为简化口径序列，减少列装武器的品种和型号。各国多管火箭炮多集中于 2～3 个型号，且作为身管火炮和战术导弹射程之间的压制兵器使用，这需要火箭炮作战灵活性更强，综合作战效能更高。现在世界上许多国家均具有生产制造火箭炮的能力，火箭炮技术得到广泛普及和快速发展。典型代表如美国 M270/M270A1/M270A2 多管火箭炮系统、"海玛斯"高机动火箭炮系统（High Mobility Artillery Rocket Systems，HIMARS）、俄罗斯 БМ-21 型"冰雹"火箭炮/"飓风"火箭炮/"旋风"多管火箭炮、巴西"阿斯特罗斯"Ⅱ型、以色列"山猫"火箭炮等。

近年来，我国近中程和远程多管火箭炮武器系统取得较大发展，在贮运发射箱式发射、远程发射、高精度打击等方面快速发展，达到先进水平，但要适应"立体化、大纵深、多元化、快速反应、精确打击、体系对抗、网络中心战"等现代战争对火箭炮武器装备的发展要求，在总体火力配系、弹箭一体化总体设计、高机动性轻型发射系统优化匹配技术、全域机动部署等方面与国外同类装备还有很大差距。

1. 总体火力配系

当前，随着美国远程精确火力计划的加速实施，其火箭炮武器的火力结合了制导火箭弹、陆军战术导弹等多种能力，正在大力提升其远程精确打击能力，已经实现 499km 射程的突破。俄罗斯在强化火箭炮射程和威力的同时，也在发展高速巡飞弹等方面的技术，实现火力打击与侦察评估的集成。我国火箭炮远程发射经过多年技术攻关已经达到国际先进水平，在新的火力能力增长方面也开展了较为全面的研究，具备良好的发展基础。

2. 弹箭一体化总体设计

美国的 M270 和"海玛斯"多管火箭炮、巴西的"阿斯特罗斯"多管火箭系统、以色列的"山猫"火箭炮均为"弹箭一体"发射平台，可配装不同型号火箭弹或导弹。我国虽然完成了贮运发射箱式发射、弹箭一体化通用发射平台等方面的技术研究，并且实现了工程化应用，达到较为先进的技术水平。但是由于我国目前管式发射装备与箱式发射装备并存，通用发射平台的覆盖率还不高，不同火箭炮装备间尚未实现对不同弹径、不同射程火箭弹和导弹的弹箭通用发射。

3. 高机动性轻型发射系统优化匹配技术

在高机动性轻型发射系统优化匹配技术上的差距主要体现在我国目前的火箭炮武器装备的轻量化水平还是不高，火箭炮的空投、空运技术研究不充分，装备体系还在完善过程中，全域快速机动部署能力尚未完全构建，在满足应急机动部队、轻型化部队早期进入战场和应急的火力支援方面仍有差距。

（四）高炮总体发展

进入21世纪，西方军事强国仍在持续发展高炮系统，但是其发展思路在技术层面已发生明显的转变，现役装备改进和新型武器系统研制的步伐同步推进，一批新装备大量采用新技术、新理念，战技性能得到显著提升。与国外相比，我国在一些总体技术的发展上面，还存在一定差距。

1. 体系化信息化技术

在军事领域，各国军方和工业部门已达成共识，未来防空作战是体系间的对抗，各型防空装备只有融入防空体系才能有效发挥其作战效能，并实现"1+1＞2"的作战效果，为此，美国陆军正在发展新一代末端6层防空网和一体化防空反导作战指挥系统，通过体系化的能力构建，达成有效的防空体系作战效果；俄罗斯在继承"以地制空"的作战思想的同时，对其防空装备进行了体系化的梳理和精简，实现现役防空火力的有机衔接。作为体系化发展的基础，基于网络构建、信息传输、数据处理的信息化技术在各军事强国得到突飞猛进的进步，为发挥体系作战效能奠定了技术基础。

我国近年来也非常重视高炮系统的信息化发展和高炮装备的体系化融入能力，但是，高炮系统在信息化和体系化发展及创新方面还不能满足各军种对装备的要求，条块分割、行业壁垒在一定程度上阻碍了技术创新，需要打破传统、统一规划、强强联合，将最新思想和技术综合集成到新一代高炮系统中，显著提升装备的信息化和体系化作战性能。

2. 模块化总体设计

西方军事强国非常重视模块化发展的技术途径，通过采用模块化、滚动式发展思路，对分系统、部件、组件的不断改进，在提升战术、技术性能的同时，装备操作使用的优势得到继承，可靠性得到有力保证，发展周期短、研制经费少、研制风险低、战斗力生产快、融入体系能力强，俄罗斯"铠甲"系列弹炮结合系统就是典型的成功案例，在其多年的技术发展中，通过不断的技术持续改进、性能稳步提升、功能模块化更新，快速衍生出基于不同作战环境、采用不同平台的多型系列化产品，在满足不同作战需求的同时，作战效能得到跨越式提升。

我国在新一代高炮及弹炮结合系统发展中，技术的继承性和创新性得到了很好的平衡，但是，装备模块化发展中，在制定标准、统一规范、保持协议等方面还存在明显的短板，需要以模块化和系列化发展为手段，做到良好继承、不断改进与快速发展之间的良好平衡。

3. 中口径高炮防空总体发展

近年来，集群式目标和蜂群无人机在空袭作战中展现出强大的作战效能，高效毁歼能力、持续作战能力和高效费比作战需求已成为反空袭作战的主要技术发展趋势。俄罗斯在控制防空导弹装备成本的同时，重新装备了新型中口径防空火炮系统，该高炮可发射制导化防空弹药，确保在抗击低价值目标时具有较高的作战效费比，以应对未来战场出现的防空消耗战模式；美国也为其 XM913 型 50mm 火炮和 MK110 型 57mm 舰炮发展了多型制导化弹药，在显著提升防空精确打击能力的同时，减少单次拦截弹药消耗量，降低防空作战成本。

我国现役各型高炮及弹炮结合系统多采用小口径高炮火力发射非制导弹药，高效拦截火力臂短、单次拦截弹药消耗量大、命中概率低并随射程增加而显著降低、制导化发展潜力小等问题凸显，从设计理念和技术能力方面已明显落后于西方军事强国，需要转变思路、发展技术、突破传统、提升能力，尽快发展中口径高炮和制导化弹药相关总体技术，补齐能力短板，实现与末端防空导弹的有机融合和能力互补。

（五）突击炮总体发展

当前，各军事强国都在加速新型坦克的研制，主要是在第三代主战坦克的基础上进行重新设计和技术改进而推出的全新装备，其改进共同特点是采用了大量先进技术，火力、机动、防护性能优越，信息化能力显著提高，并开始在局部战争和地区冲突中应用于信息化条件下的联合作战。俄罗斯在研制第四代主战坦克上获得重要进展，德国也在积极探索 130mm 大口径坦克炮，美国甚至开发出了装备 105mm 大口径火炮的战车炮。无人车辆方面，美国、以色列等国家均已装备了遥控操作方式的军用无人车辆，型号多达百余种。

无论是坦克炮塔还是步战车遥控武器站，世界各国都在尝试研发全自主作战火力模块，逐步实现由遥控式火力炮塔向自主火力炮塔过渡。

1. 坦克炮总体发展

国外坦克炮的发展趋势主要体现在两个方面：一方面是在保持现有 120mm 和 125mm 主流口径的情况下，通过运用先进材料和设计技术，大幅降低火炮的重量和后坐阻力；另一方面是发展 130mm、140mm 口径的更大口径、更大威力的坦克炮，美国、法国、德国等国都进行了研究，并制造出了试验型样炮。

国外现役第三代主战坦克的坦克炮口径有两大系列，分别是西方国家广泛采用的 120mm 口径和俄罗斯的 125mm 口径，目前这两种口径的坦克炮技术已经比较成熟。坦克炮炮塔基本全部实现自动炮塔，均采用自动弹仓和自动装弹机，实现了高速补弹、高速供弹、高速装填。德国已经完成 130mm 滑膛坦克炮的研制，该炮采用立楔式炮闩、电击发机构和增大的药室容积，配有半可燃药筒、新型高能发射药，以及新型先进长杆钨制侵彻体。同时，大口径坦克炮还在与埋头弹技术融合发展，坦克炮无人炮塔将与配装埋头弹的自动装弹机结合，相比现有炮塔结构更紧凑、射角范围更大、重量更轻。

我国常规坦克炮经过多年的技术攻关和工程化应用，在坦克炮结构、轻量化设计、降低后坐阻力技术、提高火炮射击精度技术、高强韧炮钢材料等方面取得了较为丰富的成果和经验，性能先进，已经形成了系列坦克炮，并且批量装备。在新概念坦克炮技术方面，与国外新概念火炮技术并驾齐驱，主要开展了电热化学炮、电磁轨道炮、膨胀波火炮、埋头弹药火炮等方面的研究工作。目前与国外的主要差距体现在系统可靠性、人机环设计等方面。

2. 战车炮总体发展

当前，美国、以色列、挪威、英国、德国、法国、意大利、比利时、瑞典等国家纷纷加入战车炮遥控武器站的研制行列。最新研发的第二代遥控武器站的产品包括：澳大利亚 EOS 公司通过无线网络通信来进行操纵和控制的遥控武器站系统、美国 ATK 公司和英国 ADVS 公司联合研制的 MRT 模块化遥控炮塔和 LWRT 轻型遥控炮塔等。

国外列装及在研的先进步兵战车主要有美国、德国、俄罗斯、以色列等国的履带式及轮式的诸多产品，这些步兵战车配装的主要武器是 25mm、30mm、35mm、40mm 的战车炮，尤以 30mm 自动炮的使用更为普遍。世界各国通过对装备增加态势感知、敌我识别系统、更先进火控系统等，不断提升火炮作战毁伤能力。当前，战车炮口径有不断增大趋势，逐渐向 45mm、50mm、57mm 拓展，其中尤以 40mm、45mm 埋头弹自动炮为发展热点。英国、法国不断完善 40mm 埋头弹自动炮，美国发展了新型"丛林之王"50mm 链式自动炮，俄罗斯为轻中型装甲战车研制了 45mm 埋头弹自动炮，并正在为新一代步兵战车配装 57mm 半自动火炮。

俄罗斯 57mm 和美国 50mm 等中口径自动炮的出现，已经为突击战车设计引入了新的范例。这些武器的射程和威力大大超过了以前的中口径武器。战车炮口径逐渐增大，采用传统方法必然导致火炮总体尺寸增大，与战车炮塔空间要求相矛盾，因此我国也借鉴国外技术经验，在研制中口径自动炮的过程中考虑多项技术来实现威力、防护性、机动性以及射击精度等指标的平衡。

我国的战车炮近年来获得快速、全面发展。一方面对目前配装的自动炮进行改进以提升可靠性；另一方面积极探索研发链式自动炮、埋头弹自动炮以及大威力中口径自动炮等新型战车炮，满足了不同武器平台的配装需求。在突击炮弹药方面，研制了定距弹药、双用途弹药等，并在埋头弹的关键技术方面取得重要突破。另外，在无人化、智能化火炮技术上也进行了积极探索。通过这些技术的研究与突破，我国突击炮技术具备了坚实的发展基础。目前与国外的主要差距体现在无人化、信息化能力弱，装填系统缺乏足够的试验验证和可靠性差等方面。

（六）机载身管兵器总体发展

近年来，随着机载武器远程化、精确化的视距外攻击能力快速发展，机载身管兵器技术发展基本停滞，主要进展集中在对现役装备的信息化改进提升，其中发展较为活跃的领域是直升机航炮和空中炮艇机载火炮两个方面。而随着攻击无人机等装备的快速发展，微小型无人机的低空近距攻击能力需求给机载身管兵器发展带来新的发展空间，无人机载身管兵器成为新的研究热点。

1. 直升机航炮总体发展

目前，国外航炮最典型的就是美国"阿帕奇"AH-64E 型武装直升机配装的 M230A1 型 30mm 链式航炮，采用外部能源驱动的链式传动原理，主要用于对地打击地面轻型及运输车辆、火力点和人员目标，同时该航炮兼顾对空作战。此外，法国"虎"式直升机安装一门 30mm 航炮（GIAT 30-781 型），俄罗斯米 -28N、卡 -50 和卡 -52 武装直升机配装有一门单管后退式 2A42 式 30mm 航炮。

国内目前的武装直升机配装有 23L 型航炮和 23-2S 型航炮等。更大威力的航炮技术攻关取得突破，低后坐阻力发射技术、航炮轻量化技术、双用途弹药技术等进展迅速。目前与国外的主要差距体现为可靠性差、射击精度低等方面。

2. 固定翼飞机机载火炮总体发展

美国的 AC-130 攻击机，是著名的"空中炮艇"，装有强大的机载武器系统，侧面发射的武器系统与精确传感系统、导航与火控系统高度集成，具有猛烈的火力攻击能力。攻击机侧面配装的 105mm 榴弹炮根据飞机环境适应性需求改进了反后坐装置，能够在空中非稳定状态下实现高效制退与可靠复位。除 105mm 主炮外，其侧后方还配装有两门 6 管 20mm 航炮、一门 40mm 自动炮以及两挺 7.62mm 机枪。系统采用侧视多模式攻击雷达和热成像仪，具有先进的瞄准修正能力，能够实现对目标的准确攻击。

我国在固定翼飞机机载火炮方面一直采用仿研的 30mm 航空炮，技术和产品相对固化。近年来，随着飞机综合火控能力的改进提升，航空炮在目标跟踪与瞄准、智能火力决策、火控弹道解算等方面开展了相关技术研究，取得较大进展。同时针对固定翼飞机上的多身管兵器火力集成，开展了空中发射高效阻力控制、强非线性弹道计算、空中炮射导弹制导控制等基础研究。

3. 无人机机载身管兵器总体发展

随着无人攻击机的快速发展，各种类型身管兵器配装无人机的技术研究也成为各国关注的重点，尤其是与微小型无人机的结合，开创了新型无人装备发展的新方向，各国均处于起步阶段。

目前，国内外在无人机机载身管兵器研究中开展了机载机枪、机载榴弹发射器、机载火箭发射筒、机载无坐力火炮以及机载小口径自动炮等多方面的探索研究，进行了相应的场景演示。但是，受无人武器安全管控、空中自动瞄准与跟踪、高动态弹道诸元解算、射击精度控制、武器平台匹配集成等方面因素的制约，无人机机载身管兵器研究主要关注作战概念研究和关键技术研究，装备的产品化尚有差距。

（七）自动枪械武器总体发展

近年来，围绕自动枪械武器国内外主要进行使用功能拓展和人机工效优化，通过局部改进进行挖潜、增效，典型如英国、法国有列装意向的 HK416 自动步枪、日本即将列装的 20 式自动步枪和俄罗斯有列装意向的 AK12 自动步枪基本上是在 M16 自动步枪和 AK74 自动步枪基础上进行结构微调和接口丰富，枪械系统性能未产生较大变化。与国外相比，我国在一些技术的发展上面，还存在一定差距。

1. 大威力及特种枪弹总体发展

目前单兵防护能力逐步增强，5.56mm 枪弹已无法击穿 NIJ Ⅲ 级及以上级别防弹衣，在阿富汗战场，在较远距离对抗中，5.56mm 口径武器与 7.62mm 口径武器相比处于弱势，由此美国开展了新口径枪械系统的论证和选型，开发了 6.8mm 口径自动步枪和班用机枪原型枪，其中美国 AAI 公司研制的 6.8mm 班用机枪发射埋头枪弹。美国雷明顿武器弹药公司研制了 6.8mm×43mm SPC 特种步枪弹，比 5.56NATO 弹 600m 动能提高了 43%；美国亚历山大弹药公司研制了 6.5mm×39mm 格伦德尔弹，比 5.56NATO 弹 600m 动能提高了 170%。此外，印度也加紧了 6.8mm 步枪系统的研制，该系统发射美国雷明顿武器弹药公司的 6.8mm×43mm SPC 特种步枪弹。

为兼顾两栖部队陆地和水下作战任务需要，俄罗斯研制和列装了两栖步枪；为满足特种作战复杂环境下狙击任务需要，国际上出现了大口径低特征发射狙击枪械；20mm 榴弹狙击步枪系统和 12.7mm 狙击步枪系统相比具有更大的威力，印度已采购 20mm 榴弹狙击步枪系统装备于山地部队。随着各类新型有人 / 无人作战平台的出现以及为了应对高机动目标或集群目标，平台专用枪械和高射速武器的研究得到了充分重视。

我国在大威力及特种枪弹总体技术方面与国外有一定差距。

2. 榴弹武器总体发展

目前各国外列装的自动榴弹发射器主要有 40mm 与 25mm、35mm、30mm 等口径，弹箭初速在 200m/s 左右。典型的型号有美国 MK19、俄罗斯 AGS-17 和中国 QLZ87 式等。为研制出具有高初速、低后坐、轻质量、远射程、高射速和智能化等特征的自动榴弹发射器，美国相继开发了 25mm 口径的 XM307 型自动榴弹发射器、25mm 口径 XM109 型狙击榴弹发射器、20mm 口径的 XM29 榴弹发射器。

我国近年来也研制了 35mm 狙击榴弹发射器、40mm 榴弹发射器、20mm 步榴合一单兵武器系统等榴弹发射器，但无论是数量、型号还是总体技术指标与国外都有差距。

3. 新型智能枪械总体发展

美国发展的一种被称为智能狙击步枪的新型枪械，引起广泛关注，成为智能枪械技术发展的热点。美国的智能火控 EX321 和精密制导步枪（Precision Guided Firearms，PGF）瞄准镜，具有昼夜观瞄、目标自动锁定跟踪、目标距离测定、环境参数测定、装表量自动解算、图像显示与无线传输、智能击发等功能，是支撑枪械智能化发展的重要基础。国内目前还无此类型的新型枪械，亟待加快研究。

（八）系统仿真与测试技术

国内火炮研制单位、相关高校、试验基地等单位近年来也建立了火炮系统仿真和测试能力，基本满足了火炮研制过程系统仿真与测试需求，形成了对火炮系统稳定性、刚强度、精度、毁伤效能、可靠性等问题的仿真与测试能力。但是，与国外相比，国内火炮领域系统仿真与测试技术研究还存在较大差距。

1. 自主化水平

当前，我国仿真与测试技术研究高度依赖进口软硬件产品和技术，绝大部分仿真建模软件、高端传感器等都采用国外进口产品，尽管国内开发了相关的软硬件产品，但是商业化程度、仿真软件和测试系统与国外产品存在显著差距。

火炮结构设计软件、结构分析、电路设计、液压设计、流体分析、电气设计、电磁仿真等软件都依赖进口产品，国内相关软件尚不具备替代条件。火炮系统综合测试采用的高精度、高灵敏度加速度/速度/位移传感器、高速照相机/摄像机、数据采集系统等也大部分依赖进口。国产工业软件和测试系统整体水平不高，功能和性能不完备，成熟度和易用性不好，逐渐不能适应国防科技工业和武器装备创新发展要求，迫切需要开展相关研究。据统计，我国武器装备系统级工程仿真工具（主要应用于装备科研生产总体需求论证、跨学科集成等系统级工程软件）方面，国外产品在军工行业均占有50%以上的市场份额，国内软件产品在需求定义与管理、系统功能与架构建模、多学科联合仿真分析、多学科优化等领域仅有一些局部功能的模块或产品，还达不到商用化的程度。专业级仿真软件（主要是热、电磁、电子、光学、流体、火炸药、机械等），国外经过几十年的发展，已经形成了一批成熟产品，达到了垄断优势。国内仅有少量初级产品，功能性能远不能满足装备设计分析需求。

国内测试技术在系统集成方面取得较大进展，但是测试系统关键核心元器件仍有不少依赖进口，比如：高精度大量程压力传感器、大量程加速度传感器、高灵敏度光电探测器、高速/超高速摄像机等，国外火炮武器装备已经在在线诊断以及健康管理、信息智能结构等方向取得了重要进展和应用，为装备无人化、信息化、智能化发展提供了重要支撑，而国内相关技术在火炮行业尚未应用。

2. 仿真与测试技术

未来战争是体系与体系的对抗，火炮武器系统仿真与测试研究在体系、平台、装备等系统级仿真层面，基于多学科交叉、多物理化学场耦合的系统性仿真方面与国外先进水平存在较大差距。

国外测试技术已经向在线诊断和健康感知方向发展，并取得了一批得到广泛应用的成果，先后在航空器、船舶、防护装甲上得到应用。而目前国内主要应用在桥梁、大型建筑等方面，国防军事领域未见相关报道，严重制约了军事装备优化、升级进程。国内在该方面的研究还不足，不能满足火炮装备可靠性等关键瓶颈为题的研究，如弹载测试系统采样频率只有200kHz，系统频响不超过30kHz，抗冲击能力为30000g，而国外最高可以达到800kHz采样率，系统频响100kHz，抗冲击能力100000g。在宽脉冲高g值强冲击试验研究方面，国外已实现高加速度幅值（大于15000g）、宽脉冲（不小于6ms）的冲击环境试验手段，国内强冲击设备幅值15000g，脉冲宽度仅为100μs左右。

3.极端环境下系统仿真与测试技术

随着新型榴弹炮、电磁炮、金属风暴、超空炮等新一代武器系统性能及功能的进一步提升以及先进发射技术的涌现，武器系统的工作环境更为恶劣，强电磁环境、强瞬态性、高温、高压、高过载等特性更为突出，耦合性更强，对系统稳定性、刚强度、精度、毁伤效能、可靠性的影响更明显，关键参数和关键过程"建模难""仿真难""测不到""测不准"等问题日益突出，对系统仿真和测试提出了更高的要求。

亟须开展火炮发射过程极端复杂环境下系统建模和测试原理与方法、特殊专用传感器研制、测试系统集成、火炮装备试验鉴定、使役环境下实战环境构建、毁伤威力测试与评估技术等研究。开展火炮复杂系统及结构件狭小空间高速运动动态参数测试、高膛压火炮膛内多参数测试、强冲击大脉宽环境模拟试验、瞬态弹炮参数测试等技术研究。

四、发展趋势与对策

（一）发展趋势

21世纪以来，各国在身管兵器效能评估、总体论证、总体技术等方面的研究已有了极大进展，身管兵器的作战能力有了显著提高。尤其是近年来，通过一批身管兵器型号的研制和生产，实现了我国身管兵器的升级换代，基本形成了具有机械化、信息化特征的火炮武器装备。与此同时，我们更要瞄准总体发展趋势，不断与国际先进水平对比，发现自己不足，找出问题，从而促进身管兵器研制水平的进一步提高。

1.效能评估向强对抗、贴实战、高维度仿真模拟方向发展

当传统机械化身管兵器装备遇到信息化身管兵器装备，由于信息不对称，很可能由于条件的限制使其无法发挥应有的效能，甚至出现对整个体系效能贡献为零的极端窘况。未来战争中，身管兵器装备在体系内的整体效能如何实现"1+1＞2"的能力倍增，是效能评估需要为体系论证考虑的。

未来战争绝不是单一的装备对抗，而是体系的对抗，体系中任何一个薄弱环节，都可能严重削弱身管兵器高效发扬作战效能的能力。当前，装备的体系对抗呈现强非线性、高动态特性，体系对抗过程中任一时刻的动态是诸多武器系统、指挥控制单元、作战感知单

元、战场空间、信息空间、知识空间等要素共同作用的结果，体系对抗系统的行为越来越复杂，体系的整体行为在动态中会逐渐涌现出来，最终达到体系对抗的整体效能。这种动态无法用简单的解析模型加以表达，而简单的仿真模拟也无法描述日益庞大的体系对抗。未来更多基于大型仿真模拟的探索性分析方法将被应用于效能评估中。

2. 总体论证向系列化、成建制、通用化方向发展

在身管兵器作战体系内，如何实现健全的火力配系，完成压制、突击、防空等作战任务，是体系总体论证需要考虑的。目前，体系总体论证朝着系列化装备论证的方向发展。

对于身管兵器武器系统，包括主战装备、信息装备和保障装备等，在进行系统论证时，既需要按照一定编制开展武器系统能力论证，也需要综合考虑火力平台、运载平台的通用化程度，使得未来身管兵器武器系统成建制匹配更为合理，通用化后的运维、保障更为低成本。在基型装备论证研发的基础上，还需统筹策划装备的系列化发展，解决系统核心组件的通用化，大幅提高装备的适应性、可靠性和保障性，降低全寿命周期的使用成本。

3. 平台总体技术向一体化、模块化、多功能方向发展

伴随着身管兵器编制的不断压缩，单个平台需要具备更强的综合作战能力才能灵活适应未来战争的需要。未来平台总体技术朝着一体化、模块化、多功能等方向发展。

在一体化总体设计领域，更加强调弹-炮-药一体化设计、车-炮一体化设计、信息-火力-控制一体化设计等方面的集成，通过结构功能一体化材料、弹炮匹配设计、装备多功能集成设计、火力指挥一体化平台、综合信息管理与控制等技术的应用研究，解决身管兵器分离设计集成度不高、功能性能协调性差、部件组件堆砌冗余等方面的突出问题，以先进总体设计促进装备适应体系需求，实现功能性能的全面升级。

在模块化总体设计领域，从突出身管兵器装备功能集成、结构集成和系统集成的角度探索模块化顶层设计方法，突破模块化总体设计，确定平台总体技术方案。加强不同口径身管兵器对应"任务包"的模块划分与接口技术、自顶向下的模块化虚拟设计技术、模块化多方案优选与综合评价技术研究，实现核心部件组件的模块化移植。模块化设计理念，将影响各类身管兵器的设计，采用模块化的武器系统总体设计理念将使整个身管兵器武器系统作战使用更为灵活。

在多功能总体设计领域，采用功能模块集成和功能模式扩展两种路线，促进装备多功能化发展，提升装备在复杂战场的作战适应能力。功能模块集成重点关注多源信息感知探测识别跟踪系统的集成、平台多型火力系统的集成、软件功能的集成等方面。功能模式扩展方面，重点关注身管兵器火力平台自身的能力扩展，通过多弹种弹道兼容、自适应弹种装填、多模智能火控等技术支撑实现一型装备具备多种能力，满足战场灵活敏捷作战能力需求。

4. 专项技术向低成本高效火力打击、战略战术机动、信息化、智能化等方向发展

在低成本高效火力打击领域，提高射速、增大射程、提升射击精度是主要技术途径。中大口径火炮模块装药全自动装填、中小口径火炮结构紧凑自动机、新原理装填等技术大幅提升了射速，进一步将向自适应装填、智能可靠装填等方面发展；新型高效阻力控制、低温感包覆药内弹道与装药优化、弹炮药优化匹配、外弹道增程等技术的应用将大幅提升身管兵器的初速和射程等核心性能，促进身管兵器向更大威力方向发展；炮射无控弹射击密集度提升、准确度校准、外弹道精确制导等技术将大幅提升射击精度，身管兵器将由面覆盖打击向点面结合打击方向发展。

在战略战术机动领域，结构优化、轻质材料应用和理念创新是主要技术途径。轻量化结构设计以及轻质材料的使用，将大幅降低系统重量，促进身管兵器装备的跨代发展。装备的轻量化发展，将能够根据作战需求发展适应高原、山地、丛林、城市等不同作战环境需求的新型装备，具备高速机动、空运、空投、两栖等不同作战能力，大幅扩展身管兵器的作战域。

智能化是信息化战争所具有的显著特点，也是未来身管兵器主要发展方向。基于人工神经网络等人工智能技术研究目标识别和数据融合，为用以往的方法无法解决的、信息化战争中遇到的难题提供途径。身管兵器信息化、智能化不仅体现在战场态势感知、智能分析判断和行动过程控制等环节，更重要的是身管兵器装备本体的智能化，表现为能"看见"、可"交流"、会"思考"、听"指挥"。身管兵器智能化技术研究逐渐深入，将使我国身管兵器技术站得更高、走得更远，抢占未来作战制高点，在未来智能化战争形态和新型作战样式中赢得先机。

（二）对策

1. 顶层规划，系统论证

加强新时代身管兵器武器作战使用和武器系统技术发展的系统论证和顶层规划。研究制定相应的设计规范和标准，促进发射系统和弹药的密切融合。结合身管兵器的系列化发展，系统论证单兵型、陆用型、岸防型、舰载型身管兵器的射程、身管长度、药室容积、弹药要求等匹配性，制定弹道技术规范，使身管兵器实现模块化发展，具有很好的弹药兼容性和拓展性，发挥最大的效益。

2. 技术引领，创新为先

随着我国身管兵器武器技术水平的提升，在新研制和开发武器系统过程中，可模仿和借鉴的国外同类武器技术非常有限，这就要求我们进一步解放思想、大胆创新，开发适用现代军事需求、具有特色的新型身管兵器，逐步引领技术发展。

3. 加强基础，突破瓶颈

虽然身管兵器设计与制造技术得到长足发展，在仿真分析可信度等方面，仍然存在严

重依赖试验验证的问题，因此需要开展满足我国身管兵器使用条件的运载平台动力学、身管兵器发射动力学等基础理论研究。

加强电磁环境效应及电磁防护的基础研究，探索由电磁干扰现象到电磁干扰成因的逆向快速推理方法。利用准确的电磁仿真数值模型，借助计算机的高速处理能力有望快速准确诊断和预测电磁环境效应相关问题及总体电磁防护能力评估问题。

加强身管兵器故障物理及失效机理研究，转变传统的可靠性技术过于注重概率与数理统计技术，转为注重故障发生发展规律的探索，大力开展基于失效机理的可靠性设计分析和试验技术研究，将可靠性技术与传统的工程技术专业进行融合，实现可靠性技术在多学科中的相互促进与提升。

4. 学科交叉，联合研发

创新研制组织模式，联合国内众多的专业科研院所、高等院校、军工企业和民营高科技企业，创新研发模式，排除人为因素的影响。打造分工协作、行业细分、专业配套的专业研发团队，广泛利用身管兵器行业内外的技术资源、人力资源和开发资金，实现以科技创新促进身管兵器技术的繁荣发展。

参考文献

[1] 于子平. 车载式火炮武器总体技术研究 [D]. 南京：南京理工大学，2006.

[2] 杨国来，陈云生，楚志远. 动态仿真技术在火炮总体设计中的应用讨论 [J]. 火炮发射与控制学报，2000（03）：54–57.

[3] 薄玉成，王惠源，解志坚. 转管武器总体技术的若干问题 [J]. 火炮发射与控制，2005（01）：9–11+16.

[4] 毛明，马士奔，黄诗喆. 主战坦克火力、机动和防护性与主要总体尺寸的关系研究 [J]. 兵工学报，2017，38（07）：1443–1450.

[5] 贾志安，张宁，陈桂秋. 舰炮武器系统的总体配置方案及管件技术 [J]. 指挥控制与仿真，2006，36（05）：446–451.

[6] 曹岩枫，徐诚，徐亚栋. 某轮式自行火炮弹道 – 火炮一体化优化设计 [J]. 北京理工大学学报，2016，36（05）：446–451.

[7] 毛保全，穆歌. 自行火炮总体结构参数的优化设计研究 [J]. 兵工学报，2003，24（01）：5–9.

[8] 谢润，杨国来，徐龙辉. 自行火炮行进间刚柔耦合多体系统动力学分析 [J]. 南京理工大学学报，2014，38（05）：588–562.

[9] 王卫平，张泳，巩建华. 自行弹炮结合防空武器现状与发展 [J]. 四川兵工学报，2011，32（08）：117–119.

[10] 狄长春，秦俊奇，谈乐斌，等. 火炮总体结构的变型设计研究 [J]. 火炮发射与控制，2001（02）：4–6.

[11] 李森，钱林方，孙河洋. 某大口径火炮弹带热力耦合挤进动力学数值模拟研究 [J]. 兵工学报，2016，37（10）：1803–1811.

［12］钱林方，陈光宋，王明明. 弹箭的膛口状态参数对地面密集度影响研究［J］. 兵工学报，2020，41（05）：833-841.

［13］朵英贤，马春茂. 中国自动武器［M］. 北京：国防工业出版社，2014.

［14］世界火炮技术发展报告2019［R］. 北京：中国兵器工业集团第二一〇研究所，2019.

［15］蔡杰，程守虎，周力. 舰炮末端防护舰炮技术发展探讨［J］. 舰船科学技术，2019，41（11）：194-197.

［16］Long Zhang，Qian Linfang. Study on Artillery Intelligent Engineering Concept and Overall Architecture［J］. Journal of Defense Management，2021，11（06）：1-5.

身管兵器发射技术发展研究

一、引言

身管兵器是一种依靠火药燃烧后产生的高温高压气体推动弹箭前进的管式武器。弹箭在身管内承受火药燃烧气体压力,出身管后在空中或水中主要承受空气或水介质的阻力。其中,内弹道主要研究弹箭在身管内的运动规律,外弹道主要研究弹箭在空中或水中的运动规律、飞行性能及有关现象及其应用,是身管兵器技术的重要理论和工程应用基础。内、外弹道的设计方案、性能状况对整个武器系统总体方案与性能状况有重要的影响,是整个武器系统顶层设计的关键。弹道理论与技术涉及摩擦学、传热学、流体动力学、多体动力学、材料本构、质点弹道、刚体弹道、飞行稳定性、射表编制、弹道设计等学科和方向,随着不同学科的互相渗透、互相促进,尤其是以力学、控制、材料、机械、信息、人工智能等为代表的理论和技术的日新月异发展,推动着我国内外弹道理论和工程技术在装备中的更深层次应用,呈现蓬勃发展的态势。

身管兵器整个发射过程中能量是守恒的,身管兵器后坐能量通过反后坐装置或其他耗能技术来消耗吸收,以使得架体可以承受身管兵器发射所产生的巨大后坐阻力。特别是现代战争要求身管兵器重量轻、威力大,这就要求高性能身管兵器一方面要具有比较大的口径、高的发射速度、短的后坐长度,同时,又必须抑制身管兵器发射时所产生的后坐阻力对武器系统的稳定性与射击精度、乘员乘坐的舒适性以及武器系统的结构强度所产生的不良影响。为了达到这样的目的,其中的核心问题是要对身管兵器后坐过程进行有效的控制,尤其需要一种能够在不增加后坐长度的情况下,大幅度减小身管兵器后坐阻力的技术。

身管类兵器,如中大口径火炮在执行地面压制任务时,需提供迅速、猛烈的火力支援,同时为了提高战场生存能力,必须频繁地变换发射阵地,要求火炮尽可能在更短的时间内快速发射大量的炮弹,对敌目标进行"迅猛"打击,摧毁目标后迅速转移,以实现

"打了就跑"的战术。因此，现代战争对中大口径火炮系统的射速提出了更高要求，只有配备全自动弹药装填系统才能满足现代火力需求。身管兵器正是由于弹药自动装填系统突破了战士的人力极限，使得火炮的射速大幅提高，火炮火力打击效能和战场生存率均得到大幅提高，且人员的配备数量大幅降低。可见，弹药装填技术是提高身管兵器火力打击效能的重点发展方向，也是未来研发新型身管兵器的重要技术支撑。

近些年，随着各种海军舰艇的陆续下水，海军实力日益增强，面临的机遇和挑战也大大增多。与陆上武器装备面临来自空中的火力打击威胁不同，海军舰艇还要应对敌方各种水中兵器带来的威胁。然而，受复杂的水下环境影响，现有的水下探测、识别、跟踪技术受限很大，导致舰艇对水下目标的识别距离较近，故而，近防系统对海军舰艇的生存与作战意义重大。对于海军水面舰艇来说，针对反舰导弹，"弹炮合一"的近防系统逐渐成为一种发展趋势。随着鱼雷在未来海战中的作用越来越重要，反舰鱼雷对舰队的威胁日益增大，一旦反舰导弹和反舰鱼雷同时来袭，对水面舰艇将是致命威胁。面对鱼雷来袭，潜艇可以实施非杀伤、软杀伤和硬杀伤等手段进行干扰、拦截，但由于探测技术的限制，反鱼雷技术一般都是近程防御手段。因此，有效的近程硬杀伤手段是各国海军迫切需要发展的装备方向。身管兵器具有火力强、灵活可靠、经济性和通用性好等优点，其中，小口径速射身管兵器因优点众多而被广泛用于大型水面舰艇近程防空系统的火力配置中。但对于水中来袭的鱼雷，从空气中发射的射弹，由于射角的限制和跨介质入射，难以有效命中鱼雷。因此，世界军事强国正在加大投入、全力研发全水下身管兵器系统。

二、国内的研究发展现状

（一）弹道工程技术

1. 弹道设计理论与技术

弹道设计是弹道理论和技术中重要的研究内容，其依据具体武器的约束条件，设计确定推进装药、弹箭参数等，使弹箭的运动规律能够满足预定的战技指标或按照预期的弹道运动，在设计过程中既要考虑所确定的装药、弹箭设计参数能保证达到预定的指标要求，又要兼顾方案对其他方面的影响，使之在实际中可实现性高，可靠性、经济性、适应性等性能卓越。

弹道设计的一般方法是根据弹道指标和相关要求，构想发射或推进装药、弹箭方案，然后进行内外弹道校核计算，不断调整设计参数，迭代进行仿真和设计试验完成方案调整选择，直至满足设计指标要求。

随着最优化方法出现并被引入弹道设计，弹道设计进入优化设计阶段。弹道优化设计是针对某一具体的身管兵器的用途和特点，依据一定的设计思想和原则，采用某种优化设计方法将装药参数、弹箭结构参数和弹道参数对主要弹道性能的影响在内外弹道上进行综合优化设计，确定出较佳的设计方案。弹道设计用到的优化方法有以变分法、极小值原理及动态规划法为基础的解析方法，还有以间接法、直接法为代表的数值方法，随着现代优化方法的不断进展，以遗传算法、进化算法、模拟退火算法、蚁群优化算法、粒子群优化、神经网络算法等为代表的智能算法也被应用到弹道优化设计中。

2. 内弹道高能增程技术

内弹道是身管兵器与弹药系统之间重要的桥梁和纽带，它针对武器系统总体要求及相关子系统的约束条件，通过装药和能量传输过程的优化匹配设计获得最优的内弹道性能，为提高现代身管兵器的综合性能、实现远程精确打击和高效动能毁伤服务。

现代坦克炮和反坦克炮为提高膛口动能，主要采用两种方式：一是采用高能发射药，通过提高发射药的火药力提升其能量水平，实现发射能量的增加；二是提高药室的装填密度，通过提高单位容积内火药质量，实现发射能量的增加。高能发射药由于火药燃气温度高，会加剧对火炮身管的烧蚀作用，极大地降低身管寿命。因此，高装填密度装药技术成为提高火炮内弹道性能的最有效途径之一。目前，采用部分切口多孔杆状发射药作为主装药之一，可在保持多孔粒状发射药良好的燃烧渐增性的同时，有效提高发射药装填密度。同时，再通过对发射药的钝感处理，实现在最大膛压基本不变条件下，显著提高发射能量，使得弹箭发射初速大幅提高。

高装填密度装药技术不仅适用于高膛压坦克炮，对提高小口径火炮内弹道性能也同样适用。针对小口径火炮的高装填密度装药技术研究，对采用高能硝铵发射药配方的切口杆状发射药进行了内弹道性能仿真计算，并结合发射装置进行了试验验证。分析了切距、切宽及切深对切口杆状发射药内弹道性能的影响规律，掌握了高装填密度发射装药的设计方法，实现了工程化应用。

颗粒密实模压发射药具有较强的燃烧渐增性和高密度特性，也是提高发射药装填密度重要的技术途径，能够在最大膛压不变的条件下实现装药量增多，满足现代战争对武器高膛口动能的需求。颗粒模压发射药是以粒状高能硝铵药为基础药，结合表面钝感、包覆处理等工艺，采用密实化模压技术，提高发射药装药的装填密度，其药柱压实密度能达到 $1.2g/cm^3$。

大口径压制火炮为适应自动或半自动装填，以满足高射速发射要求，开始采用模块化组合发射装药技术，简称模块装药，它是大口径火炮发射装药结构设计技术的重要发展方向。模块装药的应用实现了发射装药的刚性化，简化了装药种类，方便了勤务管理，提高了火炮快速反应能力。在模块装药的研究过程中，出现小号装药膛压偏低，火药、装药附件、模块盒等燃尽性差；大号装药膛压波动过高，不能满足火炮不同温度环境下稳定发射要求等问题。通过装药结构的优化设计，采用新型点传火结构方案和发射药混合匹配技术，目前已较好地解决了上述问题。

针对模块装药小号装药压力波现象较为突出的问题，建立了双一维多相流内弹道模型，分析了可燃容器能量释放过程对膛内压力波的影响规律。通过对可燃容器不同能量参数的对比试验研究及基于多相流内弹道理论的仿真分析，得到了可燃容器能量特性对小号装药压力波的影响规律，理论仿真结果为分析小号装药压力波现象及可燃容器参数优化设计提供了参考。

为了满足全可燃模块装药点火需求，已研发出激光点火和微波点火等新型点火技术，可实现膛内多点同时点火，从而保证了药床中能量释放的均匀性，进一步抑制膛内压力波动提供了更好的弹道环境控制方法。

近年来，为提高身管兵器的推进效率，增加膛压曲线的充满度系数，对火药的能量释放过程进行了优化控制，设计了渐增性强且具有实用价值的37孔火药、变燃速火药和改性单基发射药等，并通过试验验证取得了可喜进展，内弹道性能得到了进一步优化。

我国自主研发的包覆火药应用于火炮装药，进一步提高了弹道性能。采用花边形37孔三肼–15发射药为主装药，花边形19孔三肼–15包覆药为辅助装药，通过定容密闭爆发器实验，在高温、常温、低温条件下，研究了弧厚对单一主装药燃烧性能的影响以及混合比例对混合装药燃烧性能的影响。研究结果表明，随温度降低，37孔单一主装药侵蚀燃烧现象越明显，燃烧渐增性越弱；而相同温度下，主装药弧厚越厚，其侵蚀燃烧现象越不明显，燃烧渐增性越强；温度越高，同一混合比例的混合装药燃烧渐增性越好；相同温度下，混合装药的燃烧渐增性均强于单一主装药，且随着包覆药比例增加，侵蚀燃烧峰逐渐减小，说明包覆药的加入明显地提高了混合装药的渐增性并降低了侵蚀燃烧峰。在不同温度条件下，主装药和辅助装药混合达到一定比例时，混合装药具有最佳的燃烧渐增性。

变燃速发射药具有独特的燃气生成规律，通过对火药参数合理的设置，控制燃气生成规律，能有效提高内弹道性能。目前，在变燃速发射药领域已经建立了基于变燃速发射药的无坐力炮内弹道数学模型，分析出了发射药内外层燃速比、密度比以及外层与总厚度比对最大膛压、膛口初速、不平衡冲量的影响，且理论计算结果与试验结果吻合较好。此外，设计了7孔变燃速发射药，建立了基于变燃烧发射药的小口径火炮内弹道模型，验证表明可大幅提高弹箭初速。

改性单基发射药，是以单基发射药为基础，通过浸渍硝化甘油、并用NA聚酯进行表面缓燃处理得到的一类高渐增性发射药。此类发射药通过浸渍 – 钝感工艺制备含氮量不同的改性单基发射药样品，并采用扫描电镜、密闭爆发器和内弹道试验等方法来研究不同含氮量、不同工艺条件对改性单基发射药性能的影响。针对6/7改性单基发射药，从理论上分析了提高火炮弹箭初速的潜力，经小口径火炮内弹道试验验证，弹箭初速可提高4% ~ 5%。

近几年，内弹道势平衡理论又获得了新的应用。低温感包覆火药一般由多孔发射药（基体药）及其表面上的包覆层构成。已有研究表明，包覆层的燃烧不遵循几何燃烧定律，在一定的压力下，基体火药孔上的包覆层在未完全燃尽时就被高压气体贯穿，称之为破孔过程。由于点传火的不同时性及包覆层不均匀，低温感包覆火药的破孔不同时，采用常规的药形函数难以准确确定燃气生成规律。从势平衡理论出发，以实测的膛内压强－时间曲线为基础，确定势平衡点，建立了膛内燃烧的实际燃气生成函数，可从综合、整体的角度对内弹道过程进行分析和计算，为低温感包覆火药的应用奠定了理论基础。

3. 外弹道减阻与增程技术

身管兵器弹箭的远程化是当前发展的重点，也是支撑身管兵器性能升级的核心技术方向。提高弹箭外弹道效率是实现身管兵器远程化最重要的技术途径，目前外弹道效率提升主要从减小能量损耗的减阻技术和增加附加能量或提高能量利用率的增程技术两方面开展研究。

目前外弹道减阻的主要方法为底排减阻、电磁减阻和等离子减阻技术，底排减阻技术在我国已应用到多种弹药装备中，电磁减阻和等离子减阻目前还处于理论和试验研究阶段。

底排减阻依靠底排药柱的燃烧来减小弹药的底阻，从而达到增程的目的。对于底排增程而言，底排药剂的选择非常重要，其主要采用复合药剂和烟火药剂。为提高底排效果，针对烟火药剂和复合药剂的各自特性，深入研究了新型的底排药剂配方、新型的药剂点火方式以及膛口区域底排药燃烧特性等问题，提高了底排弹的减阻效果。

电磁减阻是通过在弹体表面流体边界层中，施加电磁体积力来改变弹体周围的流场结构，从而达到减阻和增程的目的。我国在电磁减阻理论、数值模拟和试验验证等方面作了相关的研究工作，在电磁力主动控制方法、电磁材料应用等领域取得了一系列的研究成果。

等离子减阻是利用等离子体与弹体绕流的互相作用，使得弹体周围的流场结构发生变化，从而实现减小弹体飞行阻力、提高射程的目的。我国在等离子体激活器、等离子体减阻与控制理论等方面进行了大量的研究工作，结合等离子表面放电及介质阻挡放电方式进行了相关的数值模拟和风洞试验，为等离子减阻技术的理论深化和工程化应用实践奠定了基础。

增程技术方面，为提高弹箭射程，发展了动力推进增程、滑翔增程和复合增程技术。其中动力推进增程通过采用固体火箭发动机、固体冲压增程发动机、脉冲爆轰发动机、涡轮喷气发动机和膏体推进剂火箭发动机等实现推进增程；滑翔增程是炮弹通过在设定的弹道点打开控制舵面，依靠弹体和翼面的升力，利用舵面提供的操纵力，实现远距离的滑翔飞行，提高弹道能量利用率，达到增程的目的；复合增程是融合两种或多种增程方式的技术。

固体火箭发动机推进增程是弹箭增程的主要方式，我国在推进剂、结构、材料和设计方法等领域取得了大量的理论和工程研究成果，在弹箭推进领域得到大力发展，并应用于多种弹药的工程化研制和装备。目前通过研究新的结构设计方法、引入新材料和提升推进剂性能，使得固体火箭发动机向质量更轻、强度更高、比冲更高发展，不仅适应更高过载和更小的口径，而且同时向抗高过载、超大口径和大长细比发动机等不同研究方向发展，推进我国远射程弹箭的快速发展。

固体冲压发动机采用贫氧固体推进剂，利用大气中的氧气作为氧化剂，不需要或者仅需携带很少的氧化剂，与固体火箭发动机相比，可以获得更大的比冲。我国在装药、进气道、喷管等方面开展了大量研究，取得了研究进展，并进行了高空实验台试验、飞行点火试验和飞行弹道特性试验等，正在大力推进工程化应用。

脉冲爆轰推进增程技术采用脉冲爆轰发动机为增程动力，依靠燃烧转爆轰的原理，形成周期性非定常的脉冲爆轰波来实现推进，其具有推进效率高和消耗成本低的特点，具有广阔的应用前景。目前我国开展了燃烧爆轰机理、数值模拟、结构和引射器等方面的技术研究，并进行了相关的试验工作。

涡轮喷气发动机和膏体推进火箭发动机在弹箭上的应用还处于理论和实验室研究阶段，其研究重点为抗高过载技术、一体化结构集成设计、高性能推进剂等方面。

滑翔增程技术通过舵翼控制弹体飞行过程中的俯仰和偏航运动，产生升力，抵消部分重力的影响，使得弹体向前进行滑翔飞行，实现增程和精确控制目的。我国在滑翔增程技术方面开展了制导炮弹总体、气动、弹道和控制等的理论和工程化研究，并进行了大量的地面试验和飞行试验验证，目前进入系列装备的工程化研制阶段。

通过将底排、推进发动机和滑翔增程技术的两种或者多种进行组合，实现复合增程技术，是目前弹箭增程领域的主要研究重点。其中底排火箭复合增程及火箭发动机、滑翔复合增程技术是发展的主要方向，取得了重要的理论和工程化研制成果，并应用于多种弹药研制和装备。

此外，在火箭炮增程领域，最新发展的电磁弹射火箭技术，将电磁弹射技术与火箭炮相结合，将使火箭炮的射程和发射方式向前迈进一大步。电磁弹射利用电磁力将数百千克甚至上吨的火箭弹迅速加速到起飞速度，增加火箭飞行能量，从而达到增加火箭弹射程的目的。电磁弹射火箭技术的优点是使用比较灵活，弹射重量可以在较大范围内调整，因此一套电磁弹射火箭炮系统既可以弹射小口径火箭弹打击近距离目标，也可以弹射大口径火箭打击远程目标，可以根据需要打击不同目标，甚至可以用于防空作战任务，进一步扩展武器系统使用效能，电磁弹射器能量利用效率高，可以达到50%左右，提高了武器投放效率。

4. 新型弹箭弹道理论与技术

弹药是打击目标的有效载荷和直接承担者，为适应现代战争的需求，各种新型弹药应运而生，如埋头弹药、制导弹箭等，这些新型弹箭的发射技术是近年来研究的热点。

埋头弹是一种采用嵌入式装药结构，将弹箭完全缩在药筒内部的弹药。药筒内除弹箭，其余空间为采用特殊装填结构的发射装药。这种设计使埋头弹药的长度大大缩短，节约了弹药存储空间，从而使装甲武器储弹量显著增加，且其外形规则，便于装载运输。国内对于埋头弹的研究主要基于两级点传火及火药程序燃烧的控制技术，开展了中小口径埋头弹火炮内弹道性能试验，并建立了埋头弹内弹道理论模型，分析了主装药装药量、弹箭质量、药室容积、火药力等参数变化对埋头弹火炮内弹道性能的影响规律。在此基础上，将埋头弹药与随行装药相结合，建立了埋头弹随行装药内弹道模型，计算结果表明可有效提升埋头弹的初速。

随着身管兵器制导弹箭的快速发展，填补了非制导弹药与导弹之间的空白，弹药制导化也进一步成为未来身管兵器弹箭发展的重要趋势。我国开展了相关制导弹箭的研制，突破了火箭集群射击协同制导、制导弹箭高过载安全发射、炮载信息设备远程控制等关键技术，工程应用已取得较大进展。

随着信息科学、人工智能等学科的迅猛发展，外弹道学也在飞行动力学、复杂弹箭空气动力学等方面向更深层次发展，具有智能特征的弹箭弹道将成为今后的发展新趋势。在发射状态参数适应上更加的灵活和精确，能够基于大数据统计和分析，对不同的环境条件和作战任务实现自适应发射。通过飞行过程中的智能自适应气动布局和结构的变化，实现智能高效自主飞行和攻击。通过智能信息感知、交互和飞行控制，实现弹道模式的变化。可根据战场环境（任务、目标）变化自主寻找最佳攻击模式，飞行弹道上能够自主决策、自主调整多弹弹道协同进行作战，具备飞行弹道状态自适应感知、判断及自毁能力。

针对智能弹箭的新型弹道理论和技术，我国开展了基础理论研究，后续围绕对具体的对象和应用场景，深入开展试验研究和验证，推进智能弹箭的工程化研制。

（二）火炮高精度射击技术

1. 高射击密集度的身管兵器系统匹配技术

炮兵现役装备以及国防库存的大量弹药是普通无控弹药，陆战火力的大部分是由这些普通无控弹药构成。无控弹药的优点是价格低、使用维护简便，所以既可以用少量弹药打击点目标，也可以用大量弹药实施火力覆盖，打击面目标形成主要压制火力，但其主要缺点是射击精度不如制导弹药高。

尽管近年来也研制装备了几种低转速的末制导弹、远程制导弹、末敏弹、修正弹等，但其技术组成复杂、价格较高，目前装备量较少，只适合打高价值点目标，而且对于作战环境的要求也高，当条件满足不了时就无法正常发挥作用，所以无法在整体上全面提高身管兵器精确打击能力。正在研制的制导弹药技术难度大，研制经费高、研制周期长，所以身管兵器通常将精确制导弹与常规无控弹药按一定比例进行配比，例如 155mm 自行榴弹炮一次满载弹药携行量中，一般情况下仅配两发制导炮弹、两发末敏弹，其余均为无控弹。因此，精确打击弹药只是在较小比例范围内提高了间瞄身管兵器的精确打击能力，对其他绝大多数的常规无控弹并无改变。

因此，完全依靠发展高价值精确打击弹药，难以在短期内整体、可靠地提高身管兵器精确打击能力，就目前的进展情况来看，将来还要经过较长时间才能真正形成全面的战斗力。这都制约了身管兵器火力和作战效能在短期内的迅速提高，难以满足当前军事形势对身管兵器提出的在较短时间内大幅提高精确打击能力的需求。

在此发展背景下，如何提升平台对无控弹的射击密集度和准确度成为当前研究的重点和首要突破口。

身管兵器的主要作用是投送无控弹药或智能弹药。密集度是反映身管兵器核心能力的重要指标，弹箭发射和飞行过程受身管兵器参数、弹箭参数、装药结构参数、气象条件等诸多因素的影响。而身管兵器的误差源繁多复杂，误差的耦合和传递机理不清晰，影响弹箭膛口状态参数的关键参数未知，关键参数的合理误差范围更是难以确定，如何设计身管兵器发射平台来提高身管兵器密集度是目前身管兵器研制的难点、研究的焦点。

未来身管兵器发展的另一个重要方向是发射智能弹药。智能弹药的精度问题包括两个方面：一方面是智能弹药本身的末端制导精度；另一方面是作为发射平台的身管兵器密集度，提高身管兵器密集度，可为智能弹药提供更好的初始条件，能够进一步提高智能弹药的命中精度。

当前主要围绕以下三个方面开展身管兵器发射无控弹高精度系统匹配技术研究。

（1）知识和数据驱动的发射建模和验证技术

现代身管兵器系统复杂，身管兵器发射过程工况恶劣，国内将复杂的身管兵器系统按发射时序和作动原理，构建时空层次结构。对机理确定的结构，利用知识驱动的方法建立理论模型，并通过试验进行校验；对机理模糊的结构，通过试验测试，利用数据驱动的方法构建统计模型，并进行校验；最后再根据身管兵器拓扑关系，构建综合响应模型，充分利用靶场射击试验对综合响应模型进行确认，突破了身管兵器高精确建模和验证技术。

（2）影响射击精度的关键参数高精度辨识技术

射击精度是各种扰动因素综合作用的结果，国内首先基于综合响应模型，采用灵敏度分析方法辨识了影响射击精度的少数身管兵器关键参数；其次，在概率空间上根据概率守恒原理构建弹箭状态参数概率密度演化方差，并通过速度关系建立概率空间和物理控制的映射，实现对弹箭状态参数及其概率分析的同时求解；最后，分别针对射击准确度和射击密集度，建立多学科优化射击模型和概率反求模型，从而获得满足射击精度要求的关键参数名义值及其误差的集合，实现了关键参数名义值与误差的高精度辨识。

（3）身管兵器牵连和弹箭膛内运动的高效控制技术

控制身管兵器射击精度需控制身管兵器的两类运动参数，一类是控制弹箭膛内运动的平稳性，即弹箭相对身管的运动；一类是火炮的牵连运动，特别是角运动。对弹箭膛内运动的约束，国内通过高速平稳输弹、弹炮耦合的匹配设计等技术来控制弹箭膛内运动的平稳性和状态参数的一致性；对火炮牵连角运动的约束，通过变火线高设计、低扰动制退机、高约束平衡机等技术，实现身管兵器稳定性设计，最终控制身管兵器牵连角运动的影响。

2. 高射击准确度的身管兵器系统简易修正技术

射击准确度主要与武器系统的使用条件、弹药批次有关。武器作战使用时，炮兵改变不了武器系统的密集度，但可以采取办法提高准确度。通常采用实时测量高空气象，用腔口雷达测量初速，用药温测量装置测量药温，对不同批次弹药采用弹药批次修正量，用卫星定位测量炮位和目标坐标、用惯导或平台罗经测量射向等技术，可实现一定程度的射击准确度提升。尽管采用了上述措施，实弹射击时一组弹的散布中心仍然偏离瞄准点或目标，系统误差较大。近年来，随着对高射击效能的持续需求，射击准确度问题日益突出。

目前从身管兵器和系统角度采取措施，利用修正身管兵器射角、射向的方法使弹药整个飞行弹道指向目标，这时弹药本身是无控的，即通过射击准确度校正技术来提高弹药射击准确度和射击效能。具体技术途径就是身管兵器射击前，用一门基准身管兵器对目标赋予射角射向瞄准射击 1~3 发，弹箭落地后，观察测量几发弹落点，计算其平均弹着点对瞄准点或者目标的射程偏差和方向偏差，这种偏差就是由各种系统误差产生的，然后根据这种偏差解算面对目标射击所需的射角和射向修正量，转入进行大规模效力射。

这种校射方法的关键是要测量出弹箭落点的坐标。为了测得弹箭落点坐标，目前采用的是派出前方观察所，在距目标 3km 左右直接测量弹箭爆炸的烟雾，或用雷达测量弹箭在弹道降弧段的一段弹道来外推弹道落点。

但这两种测量弹箭落点的方法存在如下困难和缺点。

1）由于现代武器射程和打击的目标距离越来越远，前方观察所或侦测分队到达目标区的时间也越来越长，不利于抓住战机。

2）由于山高路远、水网稻田、道路崎岖、迷雾黑夜、酷暑严寒，可能难以派出或根本无法派出前方观察所或侦测分队。

3）需要专门的大型装备和人员进行保障才能实现。

4）由于前方观察所或侦测分队接近敌方，可能受到敌方的火力攻击，使自身的安全性难以保障。

5）受观测器材和人员熟练程度的限制，落点测量精度不高，进行校射的反应时间长，越来越不符合现代炮兵需精确打击、速战速撤的要求。

6）雾天、夜间无法观测，不能充分发挥武器装备的作战功能。

7）当目标在敌方纵深时，前方观察所或侦测分队无法接近，无法观测炸点进行校射。

8）身管兵器子母弹、末敏弹开仓点的精度决定了子弹群的落点中心精度，目前炮兵对落点的观测法无法解决对子母弹开仓点的观测，给子母弹校射带来很大困难。

9）雷达校射还存在如下缺点：①炮兵需增加雷达装备和相应的技术人员编制随火炮同行，这给炮兵的机动、维护、训练增加了负担；②雷达测量坐标的误差随射程增加而发散，在大射程上难以保证落点测量精度；③雷达开机发射功率大，易被敌方侦查发现，招来敌方反辐射导弹、地面火炮或其他火力的反击。

因此，综合运用卫星定位、无线传输、弹道计算等技术，由飞行中弹箭自主测得弹道飞行弹道信息并发回到炮位，经弹道解算和外推预测，获得落点坐标以及与目标坐标之间的偏差量，快速求取射击诸元修正量，校正射击准确度。该简易修正技术无需大型校射设备和专业人员即可实现落点精确测量和闭环校射，提高炮兵在复杂战场条件下全天候、自主、快速、精确打击能力。

（三）身管兵器高效减后坐技术

1. 常规减后坐技术

（1）高效腔口制退技术

腔口制退器通过控制后效期火药气体的流量分配与气流速度对身管提供一个制退力，使腔体合力减小，从而减小身管兵器后坐动能和架体的射击负荷。在常规腔口制退技术基础上，近年来逐渐发展出一种主动式腔口制退器技术。主动式腔口制退器采用金属挡板盖在制退器孔上，制退器开始处于封闭状态，直至发射期间冲击波将其强行打开，并在很短时间内关闭制退器室，消除主冲击波，从而降低对操作手的耳朵和脆弱器官的影响，该技术尚处于原理验证阶段。

（2）超长和串联超长后坐技术

在身管兵器后坐能量一定的情况下，为了降低后坐阻力，从而降低系统质量，最常用的途径是在满足总体要求的前提下增加后坐长度。串联超长后坐技术，将后坐系统设计成两层摇架和两套反后坐装置组成的系统，由于两套反后坐装置串联总后坐长为两层后坐长之和，从而大大缩短摇架导轨长，有效增加后坐长，减小后坐阻力。串联超长后坐系统由于第二层后坐的后坐部分比第一层后坐部分的质量增加了很多，所以减小后坐阻力的效果比单纯增加后坐长度减小后坐阻力更显著。

（3）电液控制反后坐技术

电控转阀式制退机采用伺服电机驱动转阀，以及与制退杆活塞孔口形成相对错位的流液孔，从而在后坐过程中控制液压阻力。与常规制退机相比，能够在射击前预设转阀运动规律，以适应不同内弹道工况下的后坐运动，解决多弹种发射弹箭 – 身管匹配适应性问题。主要应用于中大口径多功能、无人身管兵器，为身管兵器智能化、轻量化发展奠定技术基础。其中的主要技术包括：多弹道载荷后坐阻力适应调控技术、后坐运动流固耦合动力学仿真技术等。

2. 前冲技术

前冲技术也称为软后坐技术，是在身管兵器还具有一定复进速度的情况下点火，利用身管兵器后坐部分向前运动的动量来抵消掉一部分后坐运动动量，从而起到大幅度降低后坐阻力的作用。理论上前冲效应可以使作用在架体上的后坐阻力降低 40% ~ 50%。软后坐技术工程应用方面重点开展了身管兵器总体匹配的前冲结构设计、前冲 - 后坐过程点火控制技术、软后坐发射的监测与控制技术、软后坐发射可靠性提升技术等关键技术研究，完成了原理验证，并开展相应的工程样机集成研究。通过技术研究，突破了普通后坐和软后坐发射兼容的前冲机技术，实现了前冲驱动、超卡节制以及复位制动的功能，突破了可调制退机技术，具有超卡缓冲、瞎火缓冲、后坐节制以及漏口大小可调等功能，可适应身管兵器不同发射工况，提高软后坐发射的可靠性。开展了中大口径软后坐身管兵器靶场试验研究，可以实现正常后坐和软后坐的兼容发射，软后坐发射的后坐阻力比正常后坐产生的后坐阻力小 40%。

3. 智能结构反后坐装置技术

（1）电流变技术

电流变液是将一些极性的固体颗粒分散于绝缘性能良好的基础液中，从而得到一种悬浮体。当加载电场作用时，其表观黏度比无电场作用下增大几个数量级，逐渐呈现固化的趋势，并且在撤去电场后又恢复至低黏度状态。电流变技术应用于反后坐装置，在外加电场作用下，电流变液体发生电流变效应，其在液态和固态之间变化，转换过程具有可逆性，响应的时间为毫秒级，电压信号控制转换过程，转换过程中耗能低。由于电流变液的复杂性，电流变效应的工作机理至今尚未十分明确，目前仍处于实验室研究阶段。

（2）磁流变技术

磁流变制退机是采用磁流变液作为工作介质的一种新型反后坐装置。磁流变液是一种能够随不同的磁场强度作用而迅速改变其表观黏度的智能流体材料。磁流变液能够快速响应磁场的变化，具有较宽的工作温度范围，消耗的电源功率很小。磁流变液具有的这些特性，使得磁流变阻尼装置可以实现阻尼力的实时连续控制。

磁流变阻尼装置可以实现后坐阻力和后坐长度的有效控制。常规的液压反后坐装置是一种被动式液压装置，产生的后坐阻力无法根据不同的发射情况进行阻力的调节。而身管兵器发射所产生的后坐能量取决于多种因素，这包括弹箭的种类、装药条件、射角、大气温度等。一般地，在设计常规液压反后坐装置时，考虑的是所确定的结构能够保证耗散所估计到的最大后坐能量。尽管在设计常规液压式反后坐装置时，可以对某种发射情况产生一个理想的梯形后坐阻力，但是当发射条件发生变化时，所产生的后坐阻力会表现出不同的特性。与常规液压反后坐装置相比，磁流变阻尼装置是一种半主动可控的液压阻力装置，能够根据不同射击情况，只要用很小的电流改变磁流变阻尼装置中电磁线圈所产生的磁场，磁流变液的流变特性就会发生迅速的变化，而且这种变化是可逆的，从而可实现后坐阻力的有效控制，产生期望的后坐阻力。因此，磁流变阻尼装置不仅可以适应各种不同发射条件，而且后坐阻力的变化会更加平稳，这对于减小作用在架体上力的幅值，提高身管兵器机构工作的可靠性，减轻系统重量，减小发射振动，提高发射的稳定性和精度，以及缩小身管兵器的结构尺寸等，都具有重要的价值。

磁流变液是磁流变阻尼装置的核心技术，我国成功研制出的磁流变智能减振器，用于某些特种车辆获得理想的减振效果，武器缓冲系统磁流变控制理论和实验研究也在同步开展，先后完成了航炮磁流变缓冲器、坦克炮软后坐磁流变制退机、舰炮磁流变制退机等相关技术试验验证，在磁流变液反后坐装置结构技术、磁流变反后坐装置鲁棒控制技术、高性能磁流变液制备技术、磁流变液反后坐装置可靠性技术等方面进展较快。

4. 膨胀波技术

膨胀波身管兵器的基本概念是，身管兵器击发后，发射药被点燃，膛内高温高压火药气体推动弹箭加速运动，如果某个时机突然打开身管尾部，火药气体就会向后方喷出，药室内的压力骤然下降，此后压力降逐渐向弹底传播，这种压力骤然下降并沿身管逐渐传播的现象被称为"膨胀波"。在膛体内膨胀波以声速传播，膨胀波传递到弹底会有一段时间。膨胀波身管兵器就是利用这段时间，通过精确控制闩体开启时机和速度，使弹箭在出膛口前"感觉"不到压力的降低，仍然像在密闭的膛体内运动一样，几乎以原来的速度飞离膛口。与此同时，后喷的火药气体对身管兵器产生反推力，从而大幅度减小了身管兵器的后坐阻力。

膨胀波身管兵器技术综合了后膛身管武器与无后坐身管武器的各自优点，既保证了身管武器的初速，又较大幅度地减小了身管武器的后坐阻力，其独特的发射原理为彻底解决高机动性和大威力矛盾，提供了一种解决方案，它给身管武器技术的创新开辟了一条新的技术途径。通过新型弹药技术、弹药闭气技术、弹药装填技术、高压后喷的内弹道技术、高压下的精确控制开闩技术、喷管设计技术等关键技术研究，支撑了膨胀波身管武器的研制。

5. 曲线后坐技术

二维后坐身管兵器是曲线后坐技术的典型应用，后坐系统由两层相互成一定角度的后坐部分串联而成。身管武器发射时，由身管构成的第一层后坐部分在膛体合力和第一层反后坐装置力的作用下沿膛体轴线后坐。同时，由组合摇架等构成的第二层后坐部分在第一层反后坐装置力和第二层反后坐装置力的共同作用下沿与膛体轴线成定角度的摇架导轨向后上方后坐。这两层运动的叠加构成了身管相对于架体的运动，身管质心的运动轨迹是一条在射面内向上弯曲的曲线。身管质心沿向上弯曲的曲线做加速运动时，会对架体产生向下作用的压力，该力抵消身管武器由于质量不足而可能产生翻倒的趋势，故可以起到增加身管武器射击稳定性的作用。同时，两层相互串联的后坐运动可以实现超长后坐，大幅度降低后坐阻力。需要说明的是，二维后坐是曲线后坐的一种，它克服了曲线导轨"硬"式曲线后坐的缺点，同时还能起到加大后坐长和减小后坐阻力的效果。曲线后坐技术是一种利用身管武器后坐能量来提高稳定性的技术，它不同于直线后坐之处在于身管武器后坐部分是沿曲线轨迹而非直线运动的。与同口径直线后坐身管武器相比，在相同系统质量、火线高和后坐长度情况下，采用曲线槽式平面运动曲线后坐系统射击稳定性可以提高 50% 左右。

6. 无坐力发射技术

无坐力发射是利用发射时后喷物质的动量抵消后坐阻力，使身管不产生后坐运动的技术。采用无坐力技术的武器按发射原理，主要分为无坐力炮和火箭筒发射两大类。近年随着单兵反坦克武器威力提升等需求的变化，无坐力发射技术发展进入新的阶段，轻量化线膛复合身管加工制造、非金属弹带挤进过程模拟、基于起始压力控制的精确发射、多弹种兼容发射、数字化发射控制、虚拟现实发射模拟训练等技术取得突破，支撑了新型无坐力武器的研发。

此外，电磁反后坐技术、高耗能颗粒阻尼技术、弹性胶泥阻尼技术、惯性炮闩前冲技术等均在研究过程中。

（四）身管兵器弹药装填技术

1. 新原理弹药自动装填技术

高射速是衡量多任务弹药自动装填系统性能优劣的核心指标。围绕提高发射速度、适应多任务需要的弹药自动装填系统成为当前研究的热点。在传统弹药自动装填系统的基础上，国内主要围绕可重构机构、集束信息化高速自动供弹新原理、模块化轻质量高贮存密度弹药仓结构以及新型大口径快速供输弹药结构等新原理弹药自动装填技术开展研究。

（1）面向多任务的模块化可重构技术

弹药自动装填系统由一些基本模块根据功能需求组合而成，其结构和布局可以根据需求进行快速重组，一旦弹药自动装填系统的模块结构实现标准化，模块之间具有统一的、标准化的界面，可极大地提高弹药自动装填系统的柔性，极大地缩短产品的改型换代时间并增强产品横向的可移植性。研究机械界面及其标准化，重构策略，模块的划分、综合及标准化，包括可重构弹药自动装填系统的功能，可重构弹药自动装填系统的体系，可重构弹药自动装填系统的计算机信息管理等，逐步形成一套适应于不同弹药尺寸和多任务需求的弹药自动装填系统模块化可重构机构形式及其设计理论和方法。

（2）新原理装填技术

基于埋头弹药发射原理，发展了面向大口径旋转药室的自动化快速供输弹原理，目前在 35mm、40mm、45mm、105mm 口径身管兵器上进行了探索，并开展了工程应用论证，大口径身管兵器射速得到显著提升；发展了模块装药全自动装填技术，能够根据火控指令快速选择模块数量，实现自动分级发射，目前在155mm、122mm口径身管兵器上得到了试验验证；新材料新结构的应用，创新了轻重量高贮存密度的弹药仓结构；以实现超高射速防空反导自动身管兵器供弹系统为目标，提出了集束信息化高速自动供输弹新原理，研制了满足核心指标的连续弹幕射击的信息化自动供输弹原理样机。

2. 弹药自动装填系统多学科协同设计与优化

针对弹药自动装填系统工作环境恶劣、系统构成复杂、可靠性要求高等特点，当前重点解决弹药自动装填系统多学科协同设计与优化关键问题，使得弹药自动装填系统各要素之间相互协调、运转正常可靠，从而实现弹药自动装填系统的综合性能在任务指标范围内达到最优。

（1）弹药自动装填系统多学科建模与仿真技术

研究弹药自动装填机构创新设计方法，建立了满足复杂工况的多学科半实物仿真模型，实现机械–液压–电气–控制的联合仿真与部分实物接入，通过仿真模拟揭示装备及各学科的耦合规律，实现多学科建模与仿真技术的突破。

（2）弹药自动装填系统多学科耦合模型的智能学习技术

依托大数据、人工智能方法，建立弹药自动装填系统多学科耦合等效数学模型，该等效数学模型更贴近真实的物理数学模型，计算效率大幅提升，可实际服务于优化设计。

（3）弹药自动装填系统优化设计理论与技术

建立弹药自动装填系统各要素的关键参数多目标优化设计模型，综合运用结构拓扑优化、装填路径优化、参数多目标优化等方法，通过多目标优化获得优化设计方案，形成一套完整的弹药自动装填系统优化设计理论与技术。

3. 弹药自动装填系统智能管控

要想实现弹药自动装填系统的智能管控，需以大数据、数据挖掘、机器学习、模式识别、云计算等现代智能技术为依托，以智能控制、智能健康管理、智能决策、知识和模型为核心，围绕多源信息融合、健康管理、智能决策和控制等领域开展深入研究。

（1）复杂环境下多源信息融合技术

发展高温、高压、高冲击、电磁辐射等干扰环境下多传感器信息采集、传输及融合技术，既支撑了弹药自动装填系统完成装填机构动作所需的信息，也为后续的健康管理、故障诊断提供了基础可靠数据。

（2）弹药自动装填系统智能健康管理技术

研究弹药自动装填系统故障模式，判断故障的影响程度，探究安全性评估和运维决策，保持结构和功能的完整性，实现对弹药自动装填系统的实时在线故障诊断。

（3）弹药自动装填系统智能决策及智能控制技术

开展人工智能推理、强实时智能决策及极端工况下的智能控制技术研究，实现智能任务管理、规划和性能评价，为后续身管兵器的无人化、智能化提供快速决策和智能控制支撑。

（4）弹药自动装填系统数字孪生技术

建立弹药自动装填系统的数字孪生模型，高效地获取准确、可靠、完备的大数据，为特征装备智能化中基于物理的分析、故障监测和预测、数据挖掘、实时监控、性能优化、远程诊断等提供有力支撑。

4. 弹药自动装填系统的高可靠性

高可靠性是未来弹药自动装填系统信息化、智能化、无人化发展必备的核心指标，成为制约弹药自动装填发展的"瓶颈"之一。针对弹药自动装填系统工作空间有限、大负载、快速运转、强振动冲击、复杂电磁环境等特点，弹药自动装填系统需围绕高可靠性设计、失效机理清晰、小子样试验等领域重点开展可靠性基础理论和关键技术研究。

（1）弹药自动装填系统的动态特性与失效控制技术

在高低温、强冲击振动、湿热、砂尘、电磁辐射等多源环境下开展弹药自动装填系统的动态特性研究，并发展相应的失效控制技术，为弹药自动装填系统的可靠性提升提供基础数据。

（2）弹药自动装填系统的动态可靠性定量设计技术

识别弹药自动装填系统机械、电气、控制等不确定参数，探索弹药自动装填系统各机构动作不确定性传播机理，发展复杂工况下动态可靠性定量设计理论与方法。

（3）基于数字孪生的小子样可靠性试验技术

建立基于弹药自动装填系统数字孪生模型的可靠性预测和增长模型，通过小子样可靠性试验校正与完善模型，预测和评估弹药自动装填系统的可靠性，为后续身管兵器的可靠性提升提供先验数据。

5. 贮运发射箱式火箭技术

贮运发射箱式发射装置的结构特点是将定向管与火箭弹一起束成箱式结构，或将火箭弹直接装在一定结构的箱内构成携带火箭弹的贮运发射箱，火箭弹贮运发射箱集火箭弹的贮存、运输和发射功能于一体，经过近年来的技术研究和装备发展，已经成为火箭炮的主流发射方式。贮运发射箱式火箭技术的应用实现了一炮多弹、共架发射，简化了火箭弹勤务处理工作；同时结合一体化火力控制与综合信息管理技术的应用，实现了快速行战转换和自动调炮，缩短战斗准备时间，提高了火箭武器系统的快速反应能力。

（五）水下枪炮发射技术

1. 水下枪炮全淹没式发射技术

采用水下枪炮全淹没式发射技术发射时，身管内充满水，火药点燃后，燃气需要同时推动弹箭和水柱运动，弹前水柱的质量和其与身管内壁的摩擦力将极大地阻碍弹箭运动，导致弹箭运动阻力较大。其缺陷在于，身管内充满水要想获得较高的弹箭初速，必须要提供更多的火药燃气能量，这也必然会导致过高的膛压，发射安全性难以保证。所以，为避免发生安全事故，全淹没式发射枪炮通常采取缩短身管、减少装药量或是改用较低燃速火药等方法来保证发射安全，因此，获得的弹箭初速也较低，射程自然也较近。

在全淹没式发射枪炮的研究方面，对弹、药和身管的匹配设计进行了一定的技术研究，完成了水下自动步枪的研制，并正在往大口径炮的方向移植，目前积累了一定的工程经验。

2. 水下枪炮密封式发射技术

密封式发射枪炮可以获得与空气中相近的内弹道性能，但由于密封装置较为复杂，现有的采用密封式发射的水下枪械一般采用的是一次装填的简易密封。在膛口加装水密封装置，射击时，弹箭在膛内运动一段距离后，膛口内部附近压力达到一定阈值时，通过密封装置的机械动作，密封挡板从膛口移开，弹箭运动出膛；随后，密封装置驱动密封挡板闭合，继续阻止水进入身管内部。在整个密封式发射内弹道过程中，弹前基本都是低压气体环境，这种发射方式和枪炮在空气中发射的内弹道过程类似，其内弹道性能也与空气中枪炮相近。但其缺陷在于，需要为水下枪炮设计、加装额外的密封装置，由于密封装置的结构过于复杂，使其难以适应复杂的水下连发射击环境，射击性能，甚至发射安全性都难以保证。

此外，国内对美国学者设计的多种密封装置进行了深入探索，由于射击时需打开膛口密封挡板，弹箭出膛后，密封挡板复位防止水进入枪管。此类密封装置的机械结构及运行方式复杂，使得水下连发射击环境下该装置的连续密封可靠性难以保证，存在较大的安全隐患。目前国内对于水下枪炮密封式发射的研究主要集中在数值计算方面，建立了水下炮密封式发射的内弹道模型，并进行了数值模拟，分析了弹前激波特性，研究成果对后续水下枪炮密封式发射技术的应用提供基础理论支撑。

3. 水下枪炮气幕式发射技术

水下枪炮气幕式发射方式是近几年国内研究人员为了解决前两种发射方式初速低、密封结构复杂、发射安全性难以保证等问题而率先提出的，该发射方式通过内弹道、弹药结构的耦合匹配设计来实现水下枪炮的低阻高效发射。射击前，身管内同样充满水，但通过设计带内部孔道的弹箭（气幕式弹箭），将药室内部火药燃气经弹上孔道引流喷至弹前，燃气射流在弹前形成气幕，气幕先推动身管内的水柱运动，随后弹箭开始在低压气幕中运动，这样可以有效降低弹箭膛内运动的阻力，从而实现水下枪炮的安全低阻、高初速发射，也避免了加装额外的密封装置可能带来的安全隐患。

在水下枪炮气幕式发射研究方面，国内对弹箭在静止和低速运动两种条件下的身管内气液相互作用特性以及多股燃气射流间相互干涉、汇聚等问题开展了实验和数值研究，建立了弹箭运动与气液两相流耦合作用的气幕式内弹道非稳态理论模型，通过数值模拟实现了水下枪炮气幕式发射模拟。在此基础上，基于12.7mm滑膛式弹道枪，开展了射击试验研究，初步揭示了气幕式发射的减阻机理和控制方法。

三、国内外发展对比分析

（一）弹道工程技术

在弹道理论与工程化领域，我国已经形成相对完整的理论和工程化研究体制，具备较为完善的针对各类常规弹箭、制导炮弹、制导火箭等开展弹道研究的理论和方法，并在工程化方面取得了众多的研究成果，形成了一系列的装备，有力地推进了我国兵器装备的发展。与此同时，我们要与国际先进水平对比，发现自己不足，找出问题，从而促进外弹道研制水平的进一步提高。

1）在弹道设计理论和工程化领域，研究了各种新型的智能优化算法，并进入多目标、多学科一体智能优化阶段，但理论研究成果的工程化应用还有欠缺，很多工程化设计工作还是基于常规设计思路，不能适应新型弹箭弹道设计研究。国外军事强国推出的先进新型弹箭的速度及其射程、威力等性能指标都具有很强的领先性和革新性，表明了其领先的弹道工程化设计水平。

2）在内弹道高能增程技术方面，国内外采取的技术途径基本相同，均采用高能发射药或是提高装填密度，相应的装药结构由切口杆状药、粒状药和管状药等组成，并且火药进行钝感处理，通过高能量密度装药实现高初速的指标，同时火炮最大膛压控制在额定范围内。国外在火药的深层钝感工艺上要优于国内，生产的火药性能稳定性与一致性较好。美国 105mm 火炮 M68 装药采用了密实球形药，火炮初速提高了 50～60m/s。我国的颗粒模压发射药，在点火射流作用下其分散一致性不好，影响了内弹道性能的稳定，模压工艺和点传火结构亟待改进。

3）在弹道减阻与增程技术方面，国内底排增程技术、固体火箭发动机、滑翔增程及其复合增程技术研究虽然起步晚于国外，但综合增程能力已处于国际先进水平。在固体冲压发动机、连续旋转爆轰发动机等新型推进增程方面，虽然我国形成了一系列的理论和工程化成果，但在工程化研制装备方面还有差距。

4）在火箭炮远程发射技术方面，我国开展了固体火箭发动机、脉冲火箭发动机、火箭弹滑翔增程、火箭发射固体冲压发动机等技术研究，并在多个领域取得突破性进展，远程发射技术已经达到国际先进水平。

5）在新型弹药弹道理论与技术方面，国内针对性的研究偏少，理论研究成果还没有形成体系，尚缺乏工程化研制成果。

（二）高精度射击技术

射击精度是衡量身管武器系统性能优劣的核心指标。高精度射击技术涉及火炮动力学、射击精度原理、弹炮相互作用机制、膛口振动参数测试技术和方法等关键技术，其中弹箭膛内运动和火炮动力学是该技术领域的两个重要主题。弹箭膛内运动主要研究弹箭膛内运动规律、作用在弹箭上的力、弹箭动态稳定性、弹箭与身管间的摩擦、弹箭射后回收技术、内弹道挤进模型、弹箭膛内过载问题、弹带特性及本构关系、相关点火技术问题等。火炮动力学主要研究火炮射击跳动及控制问题、火炮膛内气体流场的计算和测试技术、膛口冲击波的测试、考虑身管弯曲的弹箭膛内动力学问题、射击过程中火炮架体之间的相互作用关系、射击过程中的应力波问题、射击误差源分析、火炮动力学模拟仿真、弯曲身管的动力学影响、射击过程中身管的热力学问题、利用实验数据进行动力学模型修正、身管内膛强化方法、射击精度的影响因素等。

在高精度射击领域，国内外的研究进展相当，研究重点主要放在比较复杂的火炮系统动力学建模、弹箭与柔性炮身耦合运动、半约束期膛口动态载荷、弹箭运动状态参数测试技术等方面，实现了弹箭外弹道飞行轨迹的全程跟踪，但弹箭运动姿态的非接触式测试方法，弹箭膛内运动状态参数的非接触式测试技术方面研究相对较少，我国在该领域的主要研究内容主要有以下几个方面。

1）弹箭膛内起始运动研究。主要研究弹箭输弹卡膛后弹带挤进过程对弹箭膛内运动的影响规律，同时也考虑对传统内弹道中挤进压力的修正，涉及弹箭起始运动建模研究和弹带材料的本构方程构建。

2）高速高接触压力条件下的摩擦特性。主要揭示弹带和身管在膛内的接触摩擦规律，包括摩擦系数、摩擦温度、弹带的相变时机等。

3）火炮发射动力学研究。对该方向研究的目的是揭示火炮发射过程中火炮牵连运动对弹箭飞行扰动的影响规律，主要研究内容是刚性和柔性身管动态特性、弹炮耦合模型、全炮动力学特性等。

（三）身管兵器高效减后坐技术

高效减后坐技术是身管兵器解决大威力、高机动矛盾的主要技术途径，国内外长期在此领域开展研究。在常规后坐阻力控制方面，我国已形成一套完整的后坐阻力控制设计方法，达到了国外同等技术水平。

1. 前冲技术

在前冲技术理论研究方面，国内外没有明显差距，但在工程应用方面有一定差距，如美国已有成熟的前冲技术身管兵器，而国内前冲技术还未得到一定的推广，部分关键技术还未得到完全攻关。

2. 智能结构反后坐技术

在智能结构反后坐技术方面，国内主要停留在理论研究以及单项关键技术验证阶段，还未真正把服役环境的各种因素考虑进去，离工程化还有一定的距离，亟待深入研究。

3. 膨胀波技术

国内研制了爆破片式 35mm 膨胀波火炮和 35mm 门式炮闩膨胀波火炮，成功地验证膨胀波火炮发射原理，并在 7.62mm 枪管不同位置开孔，获取了膨胀波的后坐效率，填补了国内膨胀波身管兵器技术研究的空白，达到了国际水平，目前国内外均停留在原理样机阶段。

此外，在曲线后坐及其他新型后坐技术领域，国内紧跟国外步伐，主要差距体现在未进行系统、全面地研究，主要停留在核心关键技术攻关；无坐力发射技术方面，我国武器装备总体性能接近，在新型轻质材料应用和配用弹药种类全面性方面存在一定差距，单兵运用的灵活性和便捷性方面也在加速追赶。

（四）身管兵器弹药装填技术

当前，以欧美为首的西方军事强国在弹药自动装填上完成了机械化—半自动化—全自动化的发展，实现了弹药自动装填系统高射速高可靠性，正朝着智能化、无人化的方向发展。

现代身管兵器不断朝着机械化、自动化、无人化方向发展，其中心环节之一是实现弹药和发射药的自动装填，因此，世界上发达国家都非常重视身管兵器自动装填系统的研制工作。美国、法国等西方强国形成了几类典型的弹药自动装填系统，如底仓式、尾仓式、吊篮式、弹鼓式等。世界各国典型的身管兵器自动装填系统性能对比见表 1。

1. 弹药自动装填系统可靠性理论和试验技术

为了研制出高可靠性的产品，西方国家系统深入地开展了弹药自动装填系统可靠性理论和试验研究，如美国陆军贝尼特实验室、美国陆军装备研究开发和工程中心、美国陆军近战装备中心等，开展了大量的弹药自动装填系统可靠性设计理论和基础试验工作，具有成套的可靠性设计研究的理论方法和试验设备手段，国内正在全力追赶。

2. 弹药自动装填系统可靠性评估技术

针对弹药自动装填系统实验数据较少的问题，有相关研究人员采用贝叶斯方法进行可靠性分析，充分利用先验信息（如历史试验数据、行业准则或专家经验等）获得具有更高可信度的可靠性评估结果，对于减少试验数量、降低试验成本、缩短研制周期、提高研发效率等具有重要作用，也为可靠性指标验证等问题提供了思路。此外，为了获取更多可信的可靠性分析数据，美国和北约充分利用仿真分析以及虚拟样机等技术手段，设计出专用虚拟样机软件系统，专门应用于武器系统的研制，显著提高了武器系统的设计与研制效率。我国中大口径弹药自动装填系统的研究起步于国外产品仿制，近年来技术进展迅速，多项关键技术攻克，逐渐形成独具特色的技术体系，演示样机装填速度已经达到国际先进水平。相对而言，我国弹药自动装填系统在实战环境中的考核验证还不充分，系统可靠性尚存在差距。

表 1　各国身管兵器自动装填系统性能对比

武器名称与国别	装药形式	携弹量/发	装填方式	最大射速	持续射速
法国 AUF1 155mm 自行榴弹炮	可燃药筒	42	弹、药全自动装填	8 发 /min	72 发 /h
法国 AUF2 155mm 自行榴弹炮	模块药	42	弹、药全自动装填	10 发 / min	—
英国 AS90 革新计划	模块药	60	半自动装弹 手动装药	6 发 / min	120 发 /h
德国 PzH2000 155mm 自行榴弹炮	模块药	60	全自动装弹 手动装药	12 发 / min	8 发 /min
美国"十字军"战士 155mm 自行榴弹炮	模块药	48	弹、药全自动装填	10 发 / min	3 ~ 6 发 /min
美国 NLOS-C 155mm 自行榴弹炮	模块药	24	全自动装弹 手动装药	10 发 / min	6 发 /min
韩国 K9 155mm 自行榴弹炮	药包或模块	48	全自动装弹 手动装药	8 发 / min	2 ~ 3 发 /min
瑞典 Archer FH77 155mm 自行榴弹炮	模块药	20+20	弹、药全自动装填	12 发 / min	75 发 /h
俄罗斯 2S19 152mm 自行榴弹炮	药筒	50	全自动装弹 半自动装药	8 发 / min	2 发 /min
俄罗斯 2S35 "联盟" SV 自行火炮	模块	50 ~ 70	弹、药全自动装填	8 ~ 10 发 / min	—
德国"多纳尔"155mm 自行榴弹炮	模块	30	弹、药全自动装填	10 发 / min	—
南非 G6 式 155mm 自行火炮	模块	40	全自动装弹 手动装药	8 发 / min	—
俄罗斯 T-90 坦克	药筒	21+22	弹、药全自动装填	9 发 / min	—
法国勒克莱尔坦克	整装弹	22+18	弹、药全自动装填	12 ~ 15 发 / min	—
AGS 155mm 62 倍口径隐身舰炮	整装弹	—	弹、药全自动装填	12 发 / min	—
俄罗斯 -AK-130 型双管 130mm 舰炮	整装弹	—	弹、药全自动装填	70 发 / min	—
中国 PLZ05 式 155mm 自行火炮	药筒	34	全自动装弹 半自动装药	6 ~ 7 发 / min	—
中国 HPJ-38 型 130mm 70 倍口径舰炮	整装弹	—	弹、药全自动装填	40 发 / min	—

（五）水下枪炮发射技术

当前，西方国家已经实现了多种类型实验装置的研发，而国内在水下枪炮发射领域起步较晚，尚处在理论研究阶段，原理试验样机较少，能够具备较高工程应用价值的样机亟待突破功能缺失、性能不稳定等难题。国内主要围绕以下领域开展了理论和实践的探索。

1. 全淹没式发射技术

全淹没式发射枪炮由于其结构简单，只需要对弹、药和身管进行匹配设计。目前，我国设计的全水下自动步枪主要技术指标达到了国外同类先进水平，国内外均无法解决初速低的问题。

2. 密封式发射技术

密封式发射枪炮由于密封装置较为复杂，现有的采用密封式发射的水下枪械一般采用的是一次装填的简易密封。目前，国内对于水下枪炮密封式发射的研究主要集中在数值计算方面，还未进入工程化研制阶段。

3. 气幕式发射技术

针对前两种发射方式初速低、密封结构复杂或发射安全性难以保证等问题，我国学者提出了采用水下枪炮气幕式发射的技术途径，目前在理论基础研究领域走在其他国家前列，正在开展原理样机研制。

四、发展趋势与对策

（一）弹道工程技术

弹道工程技术是武器系统顶层设计的关键，也是关乎武器系统总体方案和性能的核心技术。我国需要密切关注国际相关技术发展动向，结合作战需求，引领相关设计理念，提取核心关键技术，重点攻关，形成国际领先的理论和工程化研究方法与体系。

弹道设计向多学科、数字化和集成化设计方向发展，针对这一发展趋势，我们需要充分结合设计经验、仿真数据、地面模拟和飞行试验数据，建立知识体系和专家库，融合机器学习、数据挖掘、数值优化和多学科一体优化设计方法，建立并完善数字集成化设计体系，并形成先进的支撑工具，提高我国弹道设计水平。

探索新机理、新材料、新工艺在弹箭增程技术上的应用，突破推进剂、结构和抗过载能力设计，是未来推进弹箭增程技术发展的重要技术途径。与此同时，在理论研究的基础上，深入开展试验测试技术，完成样机地面性能试验、环境试验及弹道试验验证，可快速提升工程应用水平。

针对高装填密度装药的火炮，通过改善点传火结构，抑制膛内压力波，可实现高品质火炮的内弹道性能稳定，从而提高内弹道性能和发射安全性。针对大口径压制火炮，模块装药取代布袋式药包装药或药筒式装药已成为发展趋势，我国模块装药已取得长足进展，但在装药结构的优化设计、模块盒低压清洁燃烧等方面还有待加强，这是未来重点研究方向之一。同时，进一步加强激光点火、微波点火、新型装药等技术的工程化、实用化研究，不断提升和改进生产工艺，提升内弹道性能的稳定性。

多功能智能化发射代表弹道工程发展的主要方向，发展基于火炮、火箭炮等平台快速发射的巡飞器，构建"蜂群"智能作战体系；基于通用发射平台发射的多功能弹药或制导火箭，使火炮、火箭炮在执行压制任务时兼具对空拦截防御和跟踪打击地面移动目标的能力，代表现代身管兵器功能集成的重要趋势。依托大数据、人工智能、云计算等前沿支撑技术，不断深入先进控制理论、数值计算方法研究，并与总体、动力、探测、制导、控制等领域紧密结合，进一步拓展弹道设计技术的内涵，形成满足现代战争需求的智能弹箭新型弹道设计技术，进而推动我国新一代智能兵器研制。

（二）高精度射击技术

高精度射击技术是实现身管兵器精确打击的基础，更是支撑现代身管兵器由传统的面覆盖火力打击向"点面结合"的多功能火力打击转变的核心技术。随着基于模型的射击理论与模型工程化应用的推进，基于身管兵器发射模型和弹道修正模型的精确射击技术将广泛应用与身管兵器发射领域，为身管兵器的智能精确射击奠定技术基础。

未来随着炮射末制导技术、炮控弹道修正技术、低成本制控技术在身管兵器弹箭上的广泛应用，基于身管兵器精准射击的精确弹药将成为身管兵器的主要发展趋势，既可以保证身管兵器以极高的密集度和准确度精准实施火力覆盖，也可以使身管兵器具备对固定点目标和动目标实施精确打击的能力。

（三）身管兵器高效减后坐技术

身管兵器后坐阻力控制技术是实现身管兵器大威力、高机动的主要技术途径，更是未来无人化、智能化健康管理所需传感反馈数据可靠性的重要基础。目前膛口制退器和常规驻退液反后坐装置已经普遍装备，但这些常规降低后坐阻力的技术方法潜力有限。

为了大幅度降低身管兵器后坐阻力，超长和串联超长后坐技术、二维后坐技术、磁流变后坐技术、膨胀波技术以及软后坐技术等新型后坐阻力控制技术正在从概念探索走向原理样机，原理样机指标达到预期，未来需要重点解决实际工程应用难题，为未来大威力、高机动的高品质身管兵器研发提供技术支撑。

（四）身管兵器弹药装填技术

身管兵器弹药装填技术是实现身管兵器高射速的主要技术途径，更是未来无人化、智能化的基础。弹药自动装填系统存在诸如有限空间制约、参数大范围变化、剧烈冲击振动以及服役环境复杂多变等特点，传统的总体设计技术以及控制方法的迅达性、可靠性难以满足身管兵器复杂多变条件下的执行机构高速精确控制和高可靠性需求，成为制约身管兵器高射速、高可靠性的瓶颈。以 155mm 火炮为例，目前尚未在火炮平台上开展充分的最大射速、可靠性指标射击试验验证。

围绕创新机构设计、高速精确控制、数字孪生、健康管理等理论方面的研究以及弹药自动装填系统在实弹射击模式下的工程可靠性提升是发展趋势。此外，随着智能化技术的发展，其在装填系统中也逐步得到应用。智能化弹药自动装填系统是火炮智能化、无人化发展的核心关键系统，需具备自主完成弹药自动贮存、记忆、识别、补给，并根据决策指令自动选择弹箭类型、自动选择装药种类及模块数（模块化装药）、自动装定引信、底火自动装填等功能。围绕弹药自动装填的智能化特征，亟待开展多源信息感知、智能决策、智能管控等方面的技术攻关。

（五）水下枪炮发射技术

水下发射环境的特殊性和复杂性，使得水下枪炮的结构不宜太复杂，同时还要保证能获得较高的发射初速以达到足够的射程。全淹没式和密封式发射方式均存在明显缺陷，难以满足上述要求，而气幕式发射在不增加枪炮结构复杂性的条件下，通过弹、药匹配设计，即可实现水下枪炮的低阻高速发射。

因此，气幕式发射将是水下枪炮的未来发展趋势。下一步需要进一步开展多工况的射击实验和数值模拟，分析影响气幕式发射内弹道稳定性的关键因素，并对弹箭结构和装药结构进行优化匹配设计，完成水下气幕式枪炮的高初速发射等弹道设计相关工作，推动水下气幕式发射枪炮的工程应用。

参考文献

[1] 石秀华，许晖，韩鹏，等. 水下武器系统概论 [M]. 西安：西北工业大学出版社，2014.
[2] 王少然，马建斌. 国外水下枪械发展分析 [J]. 轻兵器，2014（08）：10–13.
[3] 刘育平，李金新，杨臻，等. 水下炮内弹道分析与数值仿真 [J]. 火炮发射与控制学报，2007，28（04）：30–33.
[4] 孙朋，解志坚，杨臻，等. 枪管进水对射击的影响分析 [J]. 兵器装备工程学报，2018，39（11）：68–72.
[5] 胡志涛，余永刚. 圆柱形充液室中 4 股贴壁燃气射流扩展特性的实验研究 [J]. 爆炸与冲击，2016，36（04）：465–471.
[6] Hu Z T, Yu Y G. Expansion characteristics of multiple wall jets in cylindrical observation chamber [J]. Applied Thermal Engineering, 2017（113）：1396–1409.
[7] 赵嘉俊，余永刚. 侧喷孔分布对多股燃气射流在充液室中扩展特性的影响 [J]. 工程力学，2017，34（07）：

241-248.

［8］胡雨博，余永刚. 充液圆管周向多股壁面燃气射流排水特性［J］. 兵工学报，2020，41（12）：2417-2423.

［9］周良梁，余永刚，刘东尧，等. 水下火炮气幕式发射过程中燃气射流与液体工质相互作用特性研究［J］. 兵工学报，2016，37（08）：1373-1378.

［10］Zhou L L, Yu Y G. Study on interaction characteristics between multi gas jets and water during the underwater launching process［J］. Experimental Thermal and Fluid Science, 2017（83）：200-206.

［11］Xinwei Zhang, Yonggang Yu, Liangliang Zhou. Numerical study on the multiphase flow characteristics of gas curtain launch for underwater gun［J］. International Journal of Heat and Mass Transfer, 2019（134）：250-261.

［12］蒋帅，刘琼，南风强，等. 37孔硝基胍发射药单一装药和混合装药的燃烧性能［J］. 含能材料，2021，29（03）：228-233.

［13］赵煜华，杨伟涛，严文荣，等. 部分切口杆状发射药内弹道性能的数值模拟［J］. 含能材料，2019，27（06）：487-492.

［14］薛百文，马营，涂炯灿，等. 带状变燃速发射药对无后坐阻力炮内弹道性能影响研究［J］. 火炮发射与控制学报，2020，41（03）：6-11.

［15］刘志涛，徐滨，南风强，等. 低温感包覆火药装药的内弹道势平衡理论模拟［J］. 含能材料，2012，20（06）：701-707.

［16］李达，刘少武，刘波，等. 改善单基发射药内弹道性能的途径研究［J］. 火炮发射与控制学报，2015，36（04）：13-18.

［17］金文奇，宁金贵，王剑，等. 基于全膛烧蚀磨损特征的火炮内弹道仿真研究［J］. 兵工学报，2019，40（05）：968-977.

［18］王育维，郭映华，董彦诚，等. 可燃容器对小号模块装药压力波影响的研究［J］. 火炮发射与控制学报，2016，37（02）：31-35.

［19］陈安，余永刚. 两模块装药点传火过程及药粒散布特性［J］. 爆炸与冲击，2021，41（07）：39-49.

［20］钱环宇，余永刚. 埋头弹随行装药内弹道性能的数值分析［J］. 弹道学报，2018，30（03）：35-39.

［21］程山，马忠亮，代淑兰，等. 七孔变燃速发射药内弹道性能的数值计算［J］. 火炸药学报，2014，37（02）：78-81.

身管兵器控制技术发展研究

一、引言

身管兵器作为地面作战部队主要的远距离支援、压制武器，在部队中大量装备，承担了重要的战术使命。海湾战争以来的近几场局部战争表明，尽管空中作战平台能够为地面作战提供更高效、精准、广泛的火力支援，但身管兵器仍然是维持地面作战优势的必要手段。尤其是在 3km 到 150km 范围，身管兵器可为地面部队提供最经济有效的火力压制支援。

在现代战场环境中，为塑造战场优势，需协同和协调使用所有可用的火力资源，包括迫击炮、加榴炮和远距离攻击武器（火箭、导弹等），以在接触战和纵深战中削弱敌方目标，实现对敌方的决定性制胜打击。为了在有限的安全时间内，把握短暂的战机，完成打击任务，压制火炮应具有不经试射、直接展开射击、实现首群覆盖的精确打击能力。

身管兵器控制技术是实现其精确打击、快速打击的核心技术之一，控制技术涵盖了兵器通信、操作、控制、弹炮结合等一系列分支技术，未来身管兵器作战的特点要求各个分系统必须具备高效的信息处理能力、高度自动化操控能力、快速的火力密集能力、较强的互联互通及网络化的通信保障能力。

本报告将从自主无人操控技术、战场态势可视化技术、网络化协同作战技术、局域网络化自主作战技术、行进间发射控制技术、炮载信息交联射弹控制技术和综合防护控制技术等方面，阐述国内外身管兵器先进控制技术的研究现状，概括国内外发展对比分析，指出目标识别的自动化、态势感知的多谱化、火力打击的网络化、控制决策的自主化、系统结构的简约化等身管兵器控制技术发展趋势，提出发展目标，并相应给出网络化、智能化和综合化的发展对策，为系统论证分析、研制设计以及系统改造升级等研究提供理论借鉴和技术参考。

二、国内的研究发展现状

近年身管兵器控制技术发展迅速，在数字化、网络化方面已具备了一定的基础，实现了车内信息总线化、车外信息网络化，在乘员综合操作控制与显示、探测感知、信息融合处理、自动化控制等方面取得了初步成效和经验，使身管兵器系统控制能力得到整体升级。随着现代控制技术与信息技术深度结合发展，身管兵器先进控制能力的需求也在不断提升，尤其是一体化联合作战对身管兵器作战使用、任务和功能等方面的系统控制能力提出更高要求。目前，我国在武器控制顶层设计、平台信息一体化控制、信息获取与传输、信息融合与综合控制等方面有较多基础研究，但是深度应用还有待持续推进。在炮塔自动操控、动态寻北光纤捷联式定位定向、高精度快速自动瞄准、弹道测量与修正、大功率高精度全数字随动、故障检测与诊断等单项技术方面，还存在差距。网络化作战、信息共享、信息处理、智能化控制等方面还有待提高，系统的反应速度、瞄准精度、机动定位精度及综合防护能力还有提升的空间，尤其在智能化、可靠性、信息化及自动化水平等方面，仍有较大发展空间。

（一）自主无人操控技术

自主无人操控技术是指在无外接输入情况下能够实现自主运行和自主决策的无人系统，涉及自动控制、人工智能、运筹学、信息技术等学科领域。自主能力是无人系统自主控制技术水平的体现，是一种能够让无人系统的某一特定动作实现自动化或在程序限定内实现"自我主导"的能力。身管兵器与自主无人操控技术结合，可以实现身管兵器在限定条件下的自主瞄准、自主射击，是支撑未来身管兵器向无人系统配装、无人值守作战等方面发展的核心技术。

当前基于武器安全控制等方案因素考虑，完全自主的无人操控技术尚未在身管兵器上展开应用，但在身管兵器遥控武站、无人炮塔等有人在环遥控或监管的无人操控技术已经取得突破性进展，身管兵器自动操控流程管理、自动跟踪与精确瞄准、弹药自主选择与自动装填控制等技术取得突破性进展，并在部分装备上实现工程应用。

全自主无人操控技术方面，相关技术基础发展较快，多源感知信息融合与识别、智能打击决策与任务分配、非合作目标自主跟踪瞄准、人机协同武器操控、自主火力安全管控等方面技术研究稳步推进，基础理论基本成熟，形成较为完整的技术支撑体系，并开展了大量原理验证，为身管兵器自主无人操控发展奠定了良好基础。

（二）战场态势可视化技术

战场态势信息可视化技术应用于身管兵器，可以大幅提升身管兵器作战的自主化水平和作战效能。随着对战场态势信息可视化研究的不断加强，逐步取得一系列成果。通用联合作战态势图（Common Joint-operational Picture，CJP），提出构建战场态势信息共享系统，不仅可以让所有用户（从指挥官到作战人员）共享战场态势信息，甚至可以满足单人定制信息的需求，战场各单元可以得到自己想要的信息，并屏蔽不需要的信息，已在火炮武器系统、单兵作战系统等领域展开技术验证。基于地理信息系统（Geographic Information System，GIS）和遥感（Remote Sensing，RS）的战场态势信息系统，结合卫星遥感技术，使高精度的遥感地图数据替代了低精度的矢量地图数据，从而进一步丰富和精确战场态势信息，正在促进身管兵器作战模式的改变。结合虚拟现实技术（Virtual Reality，VR），发展的战场态势信息可视化系统与战场环境模拟系统，使身管兵器能够融入"平行战场"作战理念。

（三）网络化协同作战技术

为了提高身管兵器之间的协同作战能力，解决传统分层指挥模式下武器间信息交互缺乏、指挥层级烦琐，严重影响作战效率的问题。身管兵器在信息网络技术发展的推动下，形成网络化协同控制的技术体系，推动身管兵器不断向扁平化高效控制方向发展。

身管兵器的车际激光通信技术已经成熟，能够实现多平台间的实时数据传输，构建激光通信系统和识别系统，实现作战分队间的相互协同、高效配合作战功能。

随着身管兵器战场作战节奏加速，协同能力加强，战术数据链在身管兵器上的应用尝试逐渐开展，发展重点是构建信息分发数据链和协同打击数据链，结合身管兵器战场应用特征，在数据传输速率、安全保密性、抗干扰、抗截获等方面的性能不断提高，已经可以支持信息化条件下的协同作战。

基于战场信息网络体系构建了"网、云、群、端"的全新作战架构，身管兵器的协同控制技术融入战场信息网络体系，能够实现跨领域分布式协同，针对该技术的实际应用，已经开展多区域火力协同校射、敌我状态匹配与火力分配、装备联合维修保障等技术研究，支撑"云端"控制下的身管兵器高效作战。

（四）局域网络化自主作战技术

身管兵器与无人平台结合，发展出一系列新型无人装备，无人装备间采用局域自组网、群体仿生协作、网链火力打击等技术，构建形成局域网络化自主作战系统，能够实现战场侦察、测量、目标引导、攻坚打击，可用于边境、机场、码头、仓库、港口等自主巡逻守卫。

局域网络化自主作战技术广泛应用于"蜂群""狼群"等集群作战系统，近年来发展迅速，随着身管兵器低后坐发射技术的形式多样化发展，使得各类微小型无人平台具备了武器挂载，形成无人作战系统。同时，大口径、中口径的身管兵器应用于各类无人平台，实现局域网络下联合火力控制的技术研究也在加速推进，有望支撑无人作战体系的快速发展与完整构建。

（五）行进间发射控制技术

行进间射击在坦克炮及部分防空高炮上有较为成熟的应用，主战坦克炮、轻型坦克炮等已经解决了身管兵器双向瞄准稳定的关键技术，具备行进间精确射击能力，自行高炮也解决了行进间动对动瞄准与高效弹道诸元求解问题，具备行进间射击能力，大大提高了火炮系统的生存能力。

随着身管兵器协同火力控制能力的不断提升，多平台间行进间的联合瞄准、动态跟踪、状态交互及分火射击控制等技术研究也在推进，为身管兵器集群作战条件下的高动态协同打击奠定了技术基础。

大口径压制火炮行进间发射控制技术需求尚不迫切，结合大口径火炮野战机动条件下的应急对抗需求，初步研究了行进间发射炮口扰动规律、动态射击弹道修正、大口径火炮多用途打击等技术基础研究，为下一代大口径压制火炮性能跨越提升开辟了新的发展空间。

（六）炮载信息交联射弹控制技术

炮载信息交联射弹控制技术是利用身管兵器发射平台与精确制导弹药或信息化引信之间的信息交联，实现制导控制信息或引信信息装定的技术。炮口测速与装定技术是指利用多功能炮口装置对弹药进行炮口实时测速与引信装定，可以控制弹药在高速目标前方精确起爆，大幅提升防空高炮的拦截精度，该技术已在小口径高炮上实现批量装备。记转数定距起爆控制技术，利用身管膛线缠角导引的弹丸旋转圈数与飞行距离的关系，可以在直瞄射击中控制弹药精确起爆。射前感应装定技术，在身管兵器的弹药装填链路上通过电磁感应方式，对弹载电路进行充电并装定相应的控制信息，实现弹药自动装填过程中的非接触式信息可靠装定。基于炮载射频指令的控制信息传输技术实现了炮载信息的外弹道中远距交联，可以远程控制弹药的弹道修正及战斗部起爆等过程，将推动炮控智能弹药的快速发展。

（七）综合防护控制技术

综合防护是身管兵器战场持久作战的基本保障，自行加榴炮类车辆平台很少具有主动防护措施，仅通过迷彩涂料和伪装网进行有限的被动防护（隐身防探测）。为适应未来的信息化、智能化战场，应对空天一体化侦查和无人自主攻击武器的精准打击，发展主动防护系统是提高身管兵器平台战场生存力的重点方向和主要技术途径。当前，身管兵器综合防护控制技术发展方向主要包括干扰型主动防护系统和拦截型主动防护系统。干扰型主动防护系统通过干扰弹、干扰器来干扰来袭武器的制导或瞄准装置，或通过降低车辆本身的信号特征及生成假目标来干扰感应式弹药，通过干扰、欺骗、遮蔽的方式进行防护，干扰型为可重复性对抗资源。拦截型主动防护系统是一种弹道拦截武器，可以在车体周围一定距离上形成防护圈，提前拦截、摧毁来袭弹药，通过发射拦截弹药的方式进行防护，拦截型为有限的对抗资源。主动防护系统应用于坦克炮，已经完成动态演示，达到工程应用条件。

三、国内外发展对比分析

近年来身管兵器控制技术发展迅速，基于现场总线连接的炮控系统、火控系统发展使得身管兵器在自动化控制、智能管理、网络互连、集成化等方面取得了明显的成果和效果。德国的 PzH2000 型 155mm 自行火炮系统、美国的 M109A6、英国的 AS90 等都在一定程度上具备了炮控与火控的信息一体化融合特征。

为适应信息化战争需求，各国陆军在大力发展具有一体化作战能力的新型武器系统的同时，也加紧对旧装备的信息控制改造。特别是美国组建的数字化机步师，大量装备现代信息化的新型武器装备，提高以身管兵器为典型的发射平台战场生命能力。法国军方也在进行身管兵器总线技术与现代控制相结合的应用，采用总线技术简化车内电缆铺设，实现各设备间的数据交换，具有系统重构功能，增强未来战场适应能力、控制能力和生命力。

随着智能化技术的不断发展，为了探索未来新质作战方式，各种智能化技术被应用于身管兵器控制系统中，在装备操控方式上实现了革新，观察目标智能获取识别，战场态势平面交互手段更加丰富多样，在网络化协同作战以及弹炮控制一体化等方面取得了巨大的进步。

（一）自主无人操控技术

对于该技术，俄罗斯、美国和以色列等国家对自主无人系统技术的研究与应用给予高度重视。俄罗斯研制的"枪骑兵 9"无人战车，将 30mm 机关炮、12.7mm 机枪等身管兵器集成于无人平台，是典型的大威力无人战车平台，该装备已经广泛装备部队使用试验。美国打造了一款配备有步枪武器的"机器狗"，将 6.5mm 口径步枪安装于四足机器人上，能够在远程指令控制下装弹入膛、安全射击，主要用于在巡逻人员和车辆难以到达的区域执行巡逻任务。以色列推出的"REX MK Ⅱ"无人装甲车，配备两挺机枪，同时配有光电传感器和雷达组成的感知系统，可以在战区巡逻、收集情报，跟踪威胁者并开火。

我国无人自主操控技术虽然起步相对较晚，但是发展迅速，目前已经开展不同级别的无人战车技术研究，重点验证无人平台的自主感知与行走、基于作战任务的战场路径规划、自主目标识别与威胁评估、武器集成与远程控制等技术，已经分阶段验证了枪械、小口径火炮、中口径自动炮以及大威力火炮与无人平台结合的火力控制技术，正在加速工程化应用推进。

（二）战场态势可视化技术

面向战场态势可视化发展需求，美国海军开发了一套战场态势信息三维可视化系统，命名为"龙"系统。该系统将一般的二维地图改为三维地图，用立体的感官去获取战场态势信息。基于系统构建两个大型数据库，分别用来存储地理环境信息和模型仿真数据。用户在该系统中可以利用三维地图以任何角度观察任何角落，并实时获得目标位置的相关信息，包括经纬度、海拔等；同时也可以获得运动单位的信息，并对己方单位下达指示；而一些作战单位，例如舰船、坦克和飞机等，都是用三维模型直接显示，使后台指挥人员更直观地感受战场态势信息，提高做出决策和指示的效率。该系统应用于身管兵器的指挥控制将使其指挥员和操控员能够融入战场，提高模拟训练、作战决策等方面的能力。

为提高快速作战响应能力，美国组织研究机构分析了军标符号的构成，提出了非规则军标相融合的方法。通过颜色来刺激用户的视觉神经，把不同区域块染上不同的颜色，提高了获取信息的速度，从而加快了作战决策的速率。该方法可以直接应用于身管兵器操控系统，简化操控流程，提高操控效率，同时与指控系统结合也有利于指挥控制的简洁化、敏捷化。

我国战场态势感知主要关注指挥体系层面的技术研究，开展了大量理论基础、核心算法、支撑平台等方面的研究，并取得一系列成果。但与身管兵器深度融合的指控或操控层面的态势可视化技术研究尚不深入，在身管兵器自主化、智能化以及多功能化等趋势的牵引下，面向战术执行层面的态势可视化技术研究开始成为研究热点。

（三）网络化协同作战技术

作为前沿信息技术发展的"领头羊"，美国不遗余力地探索发展移动通信技术、人工智能技术在军事中的应用，通过重塑信息系统架构、创新武器装备发展，保持其在信息化作战中的优势地位。

在战术网络信息系统构建上，美军大力发展"联合战术无线电系统"（Joint Tactical Radio System，JTRS），主要是为了解决美军战术通信系统频带波形单一、带宽和功率难以调整、非模块化结构成本高、升级难等问题。JTRS 基于软件无线电思想，联合工业部门共同制定了开放的体系架构标准，按照该标准研制了系列战术电台，能够加载联合作战所需的多种波形。其中宽带网络波形（Wideband Networking Waveform，WNW）主要为地面 / 机载提供高数据吞吐量的保密通信能力，士兵无线电波形（Soldier Radio Waveform，SRW）主要为徒步士兵、地面和机载平台提供实时语音、数据和视频传输支持。

在武器系统作战运用上，美军提出了网络中心战的作战模式，并逐步实现多数据链的协同作战，形成一体化的数据链系统，"网络中心协同瞄准系统"（Network-Centric Cooperative Targeting，NCCT）通过共享各类传感器数据和协同传感器活动，并在各类系统和节点间快速提供修正结果，能够大幅提高发现即摧毁的能力；"战术目标瞄准网络系统"（Tactical Targeting Network Technology，TINI）通过高性能、互操作的低时延数据通信，实现快速定位目标，为快速、精准的协同打击提供有力支撑。

我国战场信息系统正向加速转型，提出了面向战场的信息系统顶层架构、核心技术体制等。在通信网络方面，已经形成了联合战术通信系统、联合战术信息分发系统（Joint Tactical Information Distribution System，JTIDS）和综合数据链等完善的网络体系，正在构建栅格化信息网络。

在陆军战术通信方面，基于短波、超短波、卫星等多种通信手段，已经能够实现陆战场作战单元的互联互通。但在技术体制上，还存在战术互联网、炮兵/防空兵指控通信网络等多种组织体制，存在网络开设与重组耗时长、抗毁性不足等问题。软件无线电技术研究形成了一系列成果，但在身管兵器上的应用验证尚不充分。

（四）局域网络化自主作战技术

围绕加速建设自主作战系统，美国加强引领自动化的发展方向，使用自动化技术拓展身管兵器控制技术领域。通过建立自主作战体系，能够带动身管兵器在战场的安全性、准确性、灵活性、机动性提高，促进军队自主化能力的建设。其发展的主要目标是，实践非对称作战理论和实现零伤亡作战。

无人机蜂群是无人武器装备发展最为迅速的领域，美国、以色列、俄罗斯等国家技术发展迅速。美国研制了多种类型的无人机，组成了高低速结合、覆盖侦察、打击、运输等多种任务的无人机战斗群；英国、法国、以色列、俄罗斯也都推出了各自的无人机群，用于空中侦察、反雷达、隐身打击等。

地面作战领域，美国陆军着力打造下一代战斗车辆（Next Generation Combat Vehicle，NGCV），构建由轻型、中型、重型无人驾驶地面车辆组成的机器人战车群，以发展其决定性的杀伤力平台，实现网络协同控制下的感知、侦察和射击。

我国网络化自主作战技术与国外先进水平并驾齐驱，无人机集群协同作战已完成大规模集群作战演示，相关技术正逐渐向工程应用阶段转化。地面无人车辆也发展了轻型、中型、重型等系列装备，身管兵器协同控制相关基础技术的深度研究持续开展，多平台的网络化自主协同控制关键技术正在攻关，装备的集成演示尚未完全开展。

（五）行进间发射控制技术

行进间发射控制技术广泛应用于坦克炮上，通过配置指挥仪式火控系统，装备瞄准线稳定装置，能够实现行进间可靠搜索、识别和跟踪目标，快速精确地测距和稳定火炮，并自动进行各种射击参数修正，实现行进间射击，并能获得较高的首发命中率。俄罗斯的"道尔"防空导弹系统采用行进间射击，提高系统反应速度，提高了武器系统的生存能力。美国的"小槲树"和"复仇者"导弹系统也采用了行进间射击。

美国双管 40mm 自行高炮、土耳其"柯尔柯特"35mm 自行高炮系统同样具有行进间对空射击能力。美国 M6"布雷德利 / 后卫"弹炮一体防空系统配备数字罗盘和陀螺稳定炮塔，实验证明该战车行驶在 40km/h 时仍能命中目标。

国内传统的自行高炮稳定系统传动机构设计未考虑行进间射击功能，无法满足高炮的快速、高加速度调转全闭环控制要求。而随着稳定技术的快速发展，自行火炮身管自稳定控制技术已经取得关键突破，解决了稳定系统的驱动响应滞后和控制模型精度不足的问题，正在快速推进应用。

（六）炮载信息交联射弹控制技术

在炮控方面，美军炮兵拥有先进的野战炮兵战术数据系统（Advanced Field Artillery Tactical Data System，AFATDS），其使用先进计算机系统进行战术和技术火力控制。该系统已经取代了传统的炮台计算机系统（用于提供技术火力解决方案）和战术火力控制系统。美国开发的联合前线观察员移动数字联合火力解决方案（Joint Forward Observer Mobile Digital Joint Fires Solution，JFOMDJFS），能够对加榴炮、迫击炮和远程火力系统进行数字间接火力呼叫，并与野战炮兵战术数据系统完全集成，通过数字系统实现目标定位，必要时通过无线作战网络提出火力支援的最终请求，将火力支援请求传递给指挥控制系统或直接传递给野战炮兵战术数据系统，并自动规划全面的火力打击任务。上述各系统对火力请求作出快速反应，协同所有的火力资源，并整合到军队的指挥和控制网络。

美国陆军炮兵部队配备的新型手持式联合效应瞄准系统，使炮兵观察员和步兵能够提供精确的目标位置，为精确制导弹药提供激光指定，重量仅有 2.5kg。与以前重达 11kg 的激光指示和测距仪相比，大大减轻了观察员的负担。

在弹药控制方面，精确制导弹药的应用使身管兵器能够提供精准、高破坏性和近乎即时的火力打击能力。美国持续支持小型激光器、光电子学传感器、微电子器件、低功耗数据处理器和微型雷达等基础技术研究，为身管兵器控制的精确制导弹药发展提供了技术支撑。

先进命中及高效毁伤弹药（Advanced Hit Efficiency and Destruction，AHEAD），应用于防空高炮，利用其他战场传感器探测并跟踪目标，通过指控系统将目标参数传递给火炮的火控计算机，火炮开火后，弹丸首先经过炮口位置的前两个初速测定线圈，获得当前弹丸的实际初速，火控计算机根据弹丸的实际初速和获得的目标参数快速解算弹丸与目标相遇点的飞行时间，并将此飞行时间传送到炮口位置前的第三个线圈中，当弹丸到达并经过第三个线圈时，通过线圈对弹丸弹底引信编程，从而完成时间引信的装定。

我国炮载信息交联射弹控制技术也在全面发展,炮控技术形成与我国身管兵器发展相适应的技术体系,整体技术达到国际先进水平,但在控制信息稳定可靠传输方面尚存在一定差距。身管兵器发射制导弹药技术日益成熟,逐渐形成系列化产品。基于炮口测速与装定技术的炮控空爆弹药技术实现自主研发,并大量应用于各类高炮武器。此外,我国开展了外弹道射频装定、雷达门限空爆控制等多项原创技术研究,丰富了炮载信息交联射弹控制技术的内涵。

(七)综合防护控制技术

随着无人装备的快速发展,各类空中、地面、水面、水下无人作战装备层出不穷,给身管兵器战场对抗带来多方面威胁与挑战。面临各种不确定性威胁,各国不断加强身管兵器综合防护控制技术的研究。

俄罗斯研制的"窗帘"–1系统利用光电干扰器对敌方半自动瞄准线指令制导的反坦克导弹、激光测距仪和目标指示器进行主动干扰,能使"陶"式、"龙"式、"海尔法"、"小牛"和"铜斑蛇"等导弹的命中率降至原来的1/4～1/5,使"霍特"和"米兰"导弹的命中率降至原来的1/3,使带激光测距仪系统发射的炮弹和坦克炮弹的命中率降低至原来的1/3。俄罗斯为"阿玛塔"坦克研制的"阿富汗人"主动防御系统在15～20m范围内,可以主动反应,有效摧毁敌方来袭导弹及反坦克导弹,该系统嵌入全车信息系统之中,通过相控阵雷达及信息模块,可以有效搜索射速不高于1700m/s的炮弹、导弹,依据来袭弹种的不同,防御系统选择有效的应对方式予以摧毁。

以色列研制的对抗反坦克导弹的主动防护系统,可以在360°范围内连续不断地搜索威胁,探测来袭弹头,可精确确定威胁方向,可发射烟幕弹、箔条弹、诱饵弹、高爆和反步兵榴弹等弹药,用于干扰"陶"式或"霍特"等反坦克导弹,有效作用范围为炮塔前方180°区域。"铁拳"主动防护系统采用雷达探测、跟踪车辆遭受的近距离来袭威胁,该系统与计算机控制单元相连,从而可自动分配和操作拦截弹药发射器。

我国的主动防护技术起步较晚,为适应现代战场环境,提升坦克炮、自行加榴炮等身管兵器的综合防护能力,已经开展了综合集成激光告警、激光诱偏、顶部末敏弹主动探测、顶部被动毫米波补偿干扰、红外烟幕遮蔽等技术研究,研发坦克装甲车辆的激光告警、主动防御系统,并在针对榴弹炮等身管兵器开展相应的主动防护控制技术研究。

四、发展趋势与对策

身管兵器控制技术朝着目标识别的自动化、态势感知的多谱化、火力打击的网络化、控制决策的自主化、系统结构的简约化等方向发展,并适应战场环境的复杂度不断增加的要求。

（一）发展趋势

1. 提高自动目标识别与战场态势感知能力

战场态势感知与目标识别是身管兵器火控系统在打击过程中的前端功能。目标识别是对战场上目标的存在、类型等情况作出判断。战场态势感知是在获取、分析战场各相关信息的基础上，分析形成战场态势，为火控系统的打击决策提供基本信息。考虑到身管兵器技术的相关性，这里的战场态势感知包括射击效果评判。目前，目标识别与战场态势感知已成为火控系统性能进一步提升的"瓶颈"。目标识别的距离和准确程度、态势感知准确度，直接影响着打击行动规划的实时程度、有效程度和准确程度。随着伪装、隐身技术在战争中的广泛运用，乘员搜索、发现、识别目标更加困难，判断战场态势要求在瞬间处理的信息量增多，因此，需要在提高现有光学传感器的同时，发展新型目标信息获取手段，从复杂和混乱的背景及各种干扰中迅速、可靠地提取目标，从而使乘员能更快地对目标开火；提高信息分析和处理水平，获取全面、准确的态势信息。这就要求火控系统提高自动化程度，实现目标识别和态势感知的自动化。

2. 提高网络化协同作战能力

受技术发展水平的限制，以往主要强调的是身管兵器单一装备的战技性能。现代战争强调的是体系与体系的对抗，提高网络化协同作战条件下的性能成为火控系统发展的必然要求。火控系统需要全面、系统地获取战场信息，从整体作战效果最优的角度，对各单车的作战行动，尤其是各单车的具体打击行动与目标作出规划。通过网络化协同，一方面，可以共享多个单车独立获取的信息，并通过信息融合与信息挖掘等技术对这些已有信息进行处理，获得全局信息，还可以进一步获取新的信息，使各单车获取的信息得到高效利用；另一方面，基于全局优化技术作出的决策，可以提高作战系统的整体作战效果。

3. 提高自主作战能力

自主作战是指在无人干预的情况下，采用环境感知、决策规划、智能控制等技术，有计划、有目的地产生智能侦察、搜索、识别、瞄准、射击等行为，以适应环境、改变现状，自主地执行预定任务。实现火控系统自主作战是信息化战争对身管兵器发展的必然需求。无人炮塔是当前火炮提升自主作战能力的主要发展方向，无人炮塔自动化程度高，缩短火力反应时间，能减少一半的自行压制火炮乘员人数，战时大大降低人员伤亡；同时也可降低人为因素的影响，大幅提升火控系统发现、识别、打击目标的快速性和精度。进一步发展更高程度的自主技术是解决网络化协同作战中一系列复杂的战场信息融合、火力打击规划问题的有效方法，也适应了未来身管兵器无人作战发展要求。

4. 提高行进间射击能力

现代战争需要坦克、火炮等身管兵器具备高机动性能，从战略角度，可以实现用大型运输机投送，快速完成主战装备的区域布局；从战术角度，火炮自身需具备高机动性，可以有效规避威胁并提高单车作战能力。重点需要解决对机动目标的精确自动跟踪和瞄准、克服"目标线性运动"基本假定引起的模型误差、实现火炮的控制精度和响应等，从而使得装备具有行进间射击能力。

5. 实现功能一体化

随着反坦克武装直升机在战场上的广泛运用，战争中对坦克、火炮等身管兵器的威胁不只来自地面的武器，更多来自空中。考虑到火炮火控系统普遍缺乏空地综合射击能力，发展既能对地攻击，又能对空射击的一体化火控系统，实现打击的高平结合，提高火炮的空射能力，从而提高战场生存能力，不仅是火控系统发展的需要，也是打赢未来战争的需要。同时，随着网络化、信息化、智能化、自动化及新型弹药等技术的发展与进步，使得火炮武器实现对"低小慢"目标的防空拦截，可有效补充近程野战防空装备体系。

6. 提高标准化、模块化、小型化水平

火控系统是一种光机电复合系统，新技术含量高、部组件多、连接关系复杂。火控系统的成本占整车成本的比重越来越大。提高火控系统的标准化水平，有利于降低生产成本；还可以减少维修设备件贮存，提高火控系统的可维修水平。提高火控系统的模块化水平，可提高各功能模块在装备中布置的灵活性，降低设计难度；有利于通过合理布局，提高火控系统的抗击毁能力；更重要的是，合理的模块化设计，有利于数据总线技术的深入应用。利用数据总线技术，将火控系统与综合电子信息系统充分融合，从而提升火控系统的可靠性、可预测性、可维修性及信息化水平。提高火控系统的小型化水平，有利于降低部件中弹概率；可缓解由于火炮部组件不断增加而造成的车内空间越来越狭小的压力，有利于为乘员提供更大的自由度和活动空间，提高装备的战斗力。

因此，实现火控系统与综合电子系统间信息的充分融合是未来身管兵器火控系统的发展趋势，不仅可以提高整个车辆系统的可靠性，还具有良好的可扩展性、减轻乘员工作负担、便于与整个战场系统连接等优点，是今后的发展方向。

（二）发展目标

1. 发展适应一体化联合作战的身管兵器数据链技术

以作战需求为牵引，以提升整体作战效能为目标，构建以信息为主导、以战场信息网为中心、以平台控制为核心的武器系统体系结构和扁平化网络状数据链。实现纵、横向战场信息（侦察、指挥、打击、评估等信息）的实时获取、高速传输和融合处理，快速全面感知作战信息，正确决策、快速行动，充分发挥身管兵器的作战效能，有效提高武器系统的一体化侦指打评能力。

2. 发展以信息一体化为核心的身管兵器系统控制技术

身管兵器信息化以身管兵器信息一体化控制系统为核心，简化系统物理结构，构建平台内高速总线网络，合理配置武器平台电子信息设备，提高平台内外信息的共享和交互

能力，突破信息获取、信息传输、信息处理控制以及系统集成等关键技术，充分利用获取的各种信息资源，快速、准确完成各项作战和训练任务，构建信息感知能力强、系统反应快、火力打击精度高、战场生存力强为主要特征的武器平台。

3. 发展以智能操控为目标的身管兵器自动控制技术

增强信息综合管理、综合保障和辅助决策能力，通过对各种信息的融合处理、综合判断，提出任务完成的最佳路线和策略，以提升武器平台的自动化、智能化水平。强化人机交互接口，优化乘员任务界面，降低乘员操作强度，实现控制自动化、决策智能化、显示图形化、操控综合化及简单化。

4. 构建以标准化通用化为基础的身管兵器信息系统

注重顶层规划和总体标准约束，建立信息系统标准体系，发挥规范标准的先导作用，确保技术上的协调一致和系统综合集成能力，提高系统的标准化、通用化程度。形成具有开放式、标准化体系结构的基型通用信息平台，使之可灵活集成、扩展、裁减，满足装备发展的变型应用要求。

（三）发展对策

1. 网络化发展对策

（1）信息获取的网络化与多元化

未来身管兵器的火控系统将同其他火力节点一样，广泛采用多功能雷达、热像仪、CCD摄像机和激光测距等多种传感器，并通过数据链延伸至友邻火力节点和侦察监视领域，形成一个强大的无所不在的探测装置网络，实时获取作战区域的所有目标信息。在应用雷达系统方面，身管兵器装载的雷达将同时具有多目标搜索和跟踪、预警和监视的能力；在光电探测系统方面，多频谱综合辨识与跟踪技术将得到重点发展与应用，并形成一定的多目标管理与跟踪能力。信息采集系统也将采用多传感器，装备先进的前视红外系统、多功能显示器和头盔显示器，能够自动搜索和跟踪目标。

（2）攻击目标网络化与协同化

身管兵器先进火控系统将具备良好的攻击能力，发展方向已经不再停留在单个平台的多目标攻击，而是通过数据链网络实现了多平台协同多目标攻击。随着网络中心战技术的进一步成熟，将广泛采用先进的雷达系统、光电探测系统等多种传感器，具备多目标攻击能力和多平台协同多目标攻击能力，从而大大提高各作战平台的作战效能和协同作战能力。

2. 智能化发展对策

身管兵器火控系统智能化、自动化的目的是减少整个武器系统中操作人员的数量，减轻操作人员的负担，提高武器系统的整体效能。随着模糊理论、神经网络理论、智能专家系统理论的发展及先进的传感器技术、并行处理技术、人工智能及自适应技术的广泛应用，使火控系统具有自主推理和决策能力、自动目标探测和自主目标识别能力、自动故障诊断及维修能力、主动/被动信息获取能力和自适应武器控制能力，从而大大提高了武器系统的智能化水平。

（1）自动搜索跟踪目标

身管兵器火控系统采用人工目标搜索和识别的方法已与现代作战模式不相适应，需要加速发展自动搜索跟踪技术。数字化稳定跟踪技术是实现瞄准和跟踪稳定的必要保证，发展数字跟踪滤波器、数字滤波技术、模糊逻辑用于多传感器跟踪中的数据相关，结合交互多模型方法、灰色估计，是促进目标跟踪理论及算法发展的基础。同时，扰动调节与控制、误差修正与补偿等技术发展也是稳定跟踪的重要保证。

（2）智能目标识别与分配

未来身管兵器体系化作战中，目标识别与分配将在三个层面上进行，一是在作战决策信息系统中发现并识别目标，决策系统向作战单元发送打击任务指令；二是由实际执行部（分）队将目标分配到具体的火力单元；三是通过作战区域局域网的综合战场态势图像，使网络中的任何作战平台能清晰地观察到作战区域内我方所有作战平台的位置、方向和敌方的目标的位置及运动情况，从而自行确定自身应跟踪瞄准的目标，实现作战区域内目标的自动分配。目标识别基于目标数据库和智能算法进行多数据源匹配，实现目标类别、威胁度、易损性等重要参数识别；目标分配时，通常是对多种因素的权衡，比如要考虑目标的威胁程度排序、目标价值排序、效费比分析、任务完成度评估、弹药匹配与容量估计等。

3. 综合化发展对策

（1）信息综合

未来身管兵器装备的信息采集系统将采用层次结构、多条总线和多种规约，以火控计算机（通用综合处理机）为中心，把传感器单元甚至天线单元、瞄准跟踪装置、武器发射控制系统和平台驾驶系统连为一个有机的整体，形成内部局域网，实现信息的综合传输，从而简化设备之间的连接，减小体积、质量和减少电磁干扰。在此基础上，系统实现积木式结构和标准化接口，为系统研制、使用、维护提供有利条件。目前，先进的舰艇和航空火控系统都实现了信息综合，但身管兵器装备火控系统在这方面和国外先进水平仍有一定的差距，突出的问题是目标探测装置、火控计算机和武器控制系统在结构和功能上相互独立，没有形成一个有机的整体。

（2）显示综合

显示综合是指在信息综合的前提下，通过显示控制管理器、多功能显示器及视频记录装置给乘员提供战场态势、火控、导航等全面信息。目前，航空火控系统采用了先进的平视显示器、多功能显示器和头盔式显示器，舰艇火控系统则采用了先进的多功能综合显示器，而身管兵器装备大多只装备了单目光学观察镜。随着电子技术的飞速发展，未来身管兵器装备将大量采用多功能显示器和头盔式显示器，以满足未来装甲车辆自动搜索和跟踪目标的要求。

（3）硬件综合

硬件综合突出表现在处理系统的综合和传感器的综合。侦察设备、传感器和发射控制部件必须直接与总线相连，减少或尽可能消除部件之间的交叉连接。要实现火控系统的综合化，必须打破一些传统的概念。也就是说，原来作战平台内部物理上条块分明的火控分系统可能不存在了，但控制武器射击的功能不但没有变，还在原有的基础上有所加强，即射击控制精度更高，射击反应时间更短。从信号处理角度分析，火控系统从目标探测、解算到射击诸元输出，通过火控雷达、光电跟踪器、火控计算机、平台姿态控制等多个信号处理部件协同工作完成。目前，这些信号处理部件在结构上相互独立，不仅接口复杂，而且传递误差很大，同时，在功能上也无法形成一个有机整体。只有将这信号处理模块集成化、综合化、数字化，才能使目标测量、火控解算、火力控制融合成一个有机的整体。

五、结束语

身管兵器控制系统的网络化、智能化和综合化是必然的发展方向，它将为信息化战场上的作战集群提供新的战斗力生成模式。实现这种崭新模式的火控系统还需突破多项关键技术，在具体研究中，要按照网络化、智能化和综合化的火控技术研究思路稳步推进，实现从传统火控向平台协同式火控逐渐过渡。在武器平台研究中，要按照网络化协同的思路，在火控系统中加入无缝链路；要按照综合化的思路，发展标准化、系列化的火控系统通用模块，实现多兵种协同。

参考文献

[1] Carl G Looney. Exploring fusion architecture for a common operational picture [J]. Elsevier 2001, 2 (04): 251–260.

[2] 王泽根. COP 及其 GIS 应用需求 [J]. 测绘科学, 2009, 34 (01): 151–153.

[3] 谢卫. 基于 GIS 和 RS 的战场态势信息系统研究 [D]. 成都: 西南交通大学, 2010.

[4] 孔维. 三维非规则军队标号的研究与实现 [D]. 郑州: 解放军信息工程大学, 2005.

[5] Baki Koyuncu, Erkan Bostanci. 3D Battlefield Modeling and simulation of War Games [J]. Proceedings of the 3rd International Conference On Communications and Information Technology, 2009: 64–68.

[6] Youngseok Kim, Thenkursussi Kesavadas. Automated Dynamic Symbology for Visualization of High Level Fusion [R]. Center for Multi-source Information Fusion, 2004: 944–950.

[7] R L Carling.Naval Situation Assessment Using a Real-time Knowledge Based System [J]. Naval Engineering

Journal，ASNE，1999，111（03）：173-187.

［8］David R A，Nielsen P. Defense science board summer study on autonomy［R］. Washington United States：Defense Science Board，2016.

［9］李文盛. 评析美军无人作战系统的发展［J］. 现代军事，2000，24（12）：21-23.

［10］Eaglen M M，Horn O L. Future Combat systems：a congressional guide to army modernization［J］. The Heritage Foundation，2007（291）：1-10.

［11］常天庆，王钦利，张雷，等. 装甲车辆火控系统［M］. 北京：北京理工大学出版社，2020.

［12］王继超，冷育明，戚延辉，等. 基于ASAPSO的火炮随动系统模糊控制策略［J］. 电机与控制应用，2021，48（04）：53-57+93.

［13］Qin-bo Zhou，Xiao-ting Rui，Guo-ping Wang，etc. An efficient and modular modeling for launch dynamics of tubed rockets on a moving launcher［J］. Defence Technology，2021（06）：2011-2026.

［14］张兆鑫，高兴隆，马建光. 无人作战系统的智能决策与对抗能力［J］. 军事文摘，2021（23）：17-21.

［15］张斌，付东. 智能无人作战系统的发展［J］. 科技导报，2018（12）：73-77.

身管兵器综合信息管理技术发展研究

一、引言

身管兵器综合信息管理技术是指在武器系统和火力平台中将探测、识别、通信、导航、电子对抗、任务管理、行驶和火力控制等功能及相应的设备，通过计算机、控制、通信、总线网络和软件等技术组合成为一个有机的整体，达到系统资源高度共享和整体效能大幅提高的目的，使得系统作战性能、可用性和生命周期成本相互平衡。综合信息管理技术的范围涵盖了支持武器系统和火力平台完成其任务的所有与电子及信息相关的系统和设备，是对身管兵器电子及信息系统的有效综合。综合信息管理系统是身管兵器的重要组成部分，是身管兵器装备信息化、智能化的核心，是信息化、智能化装备的重要标志。

近年来世界范围内广泛开展了新一代身管兵器的研究工作，交换式模块化综合电子信息系统技术的发展面临着难得的历史机遇，可以预见综合信息管理系统在身管兵器上的比重将会越来越大。模块化、通用化、网络化、综合化和智能化将是未来身管兵器综合信息管理系统发展的主旋律，极大提高身管兵器的综合作战效能。

我国身管兵器综合信息管理技术经过多年努力，实现了从无到有的跨越式发展，技术水平有了大幅度提升，目前也已跨入自主创新发展阶段，应借鉴国内外相关技术领域先进技术，强化专业基础、转变设计思想、开拓创新理念、突破关键技术，提高系统整体技术水平，实现身管兵器综合信息管理技术快速发展的同时，为提升身管兵器信息化、智能化水平和综合作战性能提供保障。

身管兵器综合信息管理技术是多学科复合型综合技术，涉及身管兵器综合信息总体、通信网络、软件、人机交互、指挥控制、电气控制、仿真训练等多个技术领域，本报告综述了各技术发展现状，并对比国外研究情况，分析并展望我国身管兵器综合信息系统各技术领域差距、发展趋势和发展对策。

二、国内的研究发展现状

（一）身管兵器综合信息管理总体技术

身管兵器综合信息管理总体技术是立足系统顶层规划，采用数字化设计方法和系统功能的一体化综合集成技术，为系统总体体系结构确定、集成验证、综合测试等提供技术支撑。

近年来，身管兵器综合信息管理系统的发展取得了一定成果，从自动化能力、装备内信息传输、装备间信息共享看，系统发展经历了以下三个阶段：第一阶段，武器装备内主要是基于传感器独立感知、结合人工干预进行武器状态控制，并且以人工干预为主，武器装备间主要通过话音完成指挥命令的点对点传输，主要器件均为模拟器件，系统可靠性较低；第二阶段，武器装备内建立了装备内总线概念，各传感器作为平台内总线节点实现信息的共享与传递，传感器感知信息通过综合管理平台进行集中处理，但是信息之间没有有效融合，武器装备间能够通过有线/无线方式进行态势、情报的共享，初步实现了身管兵器综合信息系统的数字化，可靠性有所提高；第三阶段，网络化和信息化方面基本实现了装备内总线网络信息传输共享、装备间指控信息交互、乘员综合操控和显示、探测感知、信息融合处理、武器控制自动化等，为装备信息化发展奠定了一定基础。身管兵器综合电子信息系统技术实现了从无到有的装备集成应用和跨越式发展，采用基于总线互联的分布式系统体系结构，总体设计强调系统整体统一规划和面向信息的流程分析设计，约束系统信息接口，运用信息通信仿真，实现系统信息功能应用和集成验证的设计牵引。

随着身管兵器装备模块化、体系化建设发展，信息化、智能化作战需求的不断推进，综合电子信息系统正在向模块化、通用化、网络化、综合化和智能化方向发展。近几年，开展了模块化综合电子信息系统研究，总体设计技术立足统一设计规范约束和要求牵引，以信息为主导，按照信息获取、传输、处理、使用的横向功能层次划分，在每个功能层次上实现软硬件基础的开放性、标准化、通用化设计，构建开放式、模块化综合电子信息系统体系结构。模块化综合电子信息系统是一个高度开放的物理结构，由各种通用可更换模块和专用可更换模块组成，通过高速以太网总线实现网络互联，软件采用构件化设计方法，核心是模块化和架构开放性。可更换模块是具有计算能力、控制能力、网络支持能力和电源转换能力的基本功能单元，在模块级进行综合集成，模块具有开放式系统要求的硬件，支持软件的可重用性，具有统一的物理接口，符合规定的逻辑接口定义。在这种开放式系统结构中，传统的独立电子箱体设备已经不再存在，取而代之的是将身管兵器的信息系统作为一个整体进行统一设计，采用可重配的通用模块构建信息处理控制系统，采用100M以太网、1000M以太网或万兆以太网等高速数据总线，通过网络交换技术将处理系统、传感器系统、执行系统、显控终端等电子设备互相连接起来，可大幅提升系统的可靠性、缩短系统研制周期、大幅减少系统的体积、质量、功耗以及全寿命周期成本，有效解决新功能增加及性能提升与 SWaP-C 降低的矛盾。

（二）通信网络技术

通信网络技术是综合运用无线通信、有线通信、总线通信、网络控制等技术，实现装备间和装备内部信息交互的传输、控制、交换、协议处理等研究，为身管兵器综合信息系统车际、车内信息传输共享和互联互通提供通信网络支持和技术途径。根据身管兵器综合信息系统对外接口和功能层次划分，身管兵器综合信息系统通信网络技术主要包括装备间通信网络技术和装备内部总线通信技术。

1. 装备间通信网络技术

我国身管兵器综合信息管理系统通信网络运用无线电、有线通信技术，构建连套装备内部战术通信系统，为身管兵器实现连队内部、与上级指挥单位的战场语音和数据信息交互提供支持。经过多年技术研究和系统应用，目前已建立了从旅（团）到身管兵器战斗车辆、覆盖多种身管兵器作战平台、较为完整的身管兵器作战指挥、侦察、通信系统。采用超短波、短波、微波、散射、有线、光纤、卫星通信在内的多种通信手段，覆盖宽频带，形成了包含炮兵防空兵指控网、战术互联网、空情通播网、区域宽带通信网等多种指挥情报网。

炮兵防空兵指控网主要以短波、超短波、宽带电台为主要通信设备，身管兵器作战平台根据任务需求和装备指挥层级配备相应的通信设备，完成其对外通信，实现战场条件下的信息传递和作战通信。连级以下战斗车辆利用超短波电台进行通信，通过短波电台与营级指挥通信，营级则通过高速宽带电台接入到骨干网和团级指挥系统，建立了从单车到上级指挥之间逐一逐级的车际通信模式，能够实现战斗装备战场互联互通和数字化指挥控制、情报态势共享等，初步具备了网络化作战能力。近两年，为解决战斗车辆横向通信能力和战斗协同作战指挥，开展了多频段无线宽带自组织网络技术研究，有效提升网络业务承载能力，支持视频、话音、文件等传输业务；提高了网络组网能力，通过自组织方式实现了多个车辆节点间的机动中互联互通，支持随域入网、退网和子网融合与分裂，目前已进行了特定条件下的自子网功能和性能测试。

2. 装备内部总线通信技术

总线网络是计算机网络技术与自动控制技术相结合产生的新的技术领域，支持装备向智能化发展，是武器电子控制系统的重要组成部分。随着身管兵器功能的日益完善和复杂多样，装备电子系统变得日益复杂和庞大，这给系统信息的传输和处理带来了很大的挑战，一方面大量数据需要安全、及时、准确、完整地传输，另一方面各种信息需要正确、快速、有效、完整地处理，身管兵器系统设计面临严重的瓶颈问题，而这也是决定未来身管兵器系统架构的关键问题。国内总线技术整体研究起步较晚，且电控技术的基础也较薄弱，但通过长期跟踪和学习国外先进技术和不断摸索积累经验，逐步掌握了1553B、CAN、FlexRay 和以太网等主流总线技术，1553B 更多的应用于航空电子领域，陆军车辆领域一般采用 CAN 和 FlexRay 总线，而国内身管兵器则普遍采用 CAN 总线。CAN 总线为控制器局域网，是国际上应用最广泛的网络总线之一，其数据信息传输速度最大可达1Mbit/s，采用双绞线作为传输介质，属于中速网络，在现实应用中能向控制器局域网中接入很多的电子器件，大幅降低线束用量，具有较高的抗电磁干扰特性，在身管兵器系统中多应用于发动机电控单元、ABS 电控单元、组合仪表、随动控制单元、装填控制单元等。

但随着信息化、智能化技术的发展，大量多媒体子系统应用到身管兵器系统中，子系统数量不断增多，各子系统数据信息的共享需求也随之增多，且随着图像等探测设备的分辨性能逐渐提高，现有总线技术的性能（主要体现在带宽、实时性、可靠性和灵活性等）已不能完全满足身管兵器装备发展的需要，为此国内多家单位陆续展开了新型总线技术的探索研究。总体上来看，航空领域主要关注焦点集中于光纤通道和航空电子全双工交换式以太网（Avionics Full Duplex Switched Ethernet，AFDX）技术，而陆战平台则更倾向于实时以太网的应用。这些技术都是以交换式以太网技术为基础，根据不同的应用需求发展出各自的特点，既能使网络传输带宽提高，又能保证控制数据的实时性。

（三）软件技术

身管兵器综合信息管理软件是驻留于身管装备计算机系统中的程序、数据和文档的集合，用于完成对身管装备的控制和管理功能，辅助身管装备完成作战任务，实现导航、通信、态势感知、火力控制、作战指挥与控制、综合信息显控和全寿命健康管理等功能。

我国身管兵器综合信息管理软件开发方法经历了结构化程序设计、模块化程序设计、面向对象程序设计和构件化程序设计等发展阶段。软件构件技术契合了身管兵器装备综合信息管理系统模块化、通用化、网络化、综合化和智能化方向的发展需求。基于构件的软件开发将软件的生产模式从传统的软件编码工作转换为以软件构件为基础的系统集成和组装，软件构件充当基本复用对象的角色，其功能相对独立、接口由契约指定、标识可唯一辨识、与软件平台有明确依赖关系，可独立部署于身管兵器装备，从而实现功能软件化。

身管兵器综合信息管理软件采用开放式架构，共分四层，包括应用构件层、应用支撑层、平台服务层和平台支撑层。其中平台支撑层、平台服务层、应用支撑层软件模块构成系统软件平台，为身管兵器装备的快速开发打下基础；应用构件层为身管兵器装备专用软件构件，归属于软件功能实现层，可根据保障需求可定制或开发，实现身管兵器装备具体应用模块功能和全系统信息和控制流程，便于根据功能划分进行模块化设计。

平台支撑层由操作系统定制、板级支持包（Board Support Package，BSP）开发和主控管理程序组成，为平台服务层、应用支撑层、应用构件层软件提供屏蔽计算机硬件平台差异的操作系统、程序配置管理服务及图形引擎服务，实现了软硬件分离。

平台服务层软件在操作系统核心层及图形引擎服务的支持下，为应用支撑层提供所需的操作系统兼容、软件集成调度、数据传输等基础服务，以及二次开发编程接口。平台服务层主要由操作系统兼容服务、任务动态迁移服务、数据分发服务（Data Distribution Service，DDS）和数据库服务组成。操作系统兼容服务对 Vxworks、Linux 等操作系统核心 API 函数提供支持，为上层应用支撑层和应用构件层软件无差异化的操作系统 API 函数调用提供支持。数据库服务和 DDS 服务为数据存储和分发处理提供支撑，为应用支撑层的数据传输提供服务，便于应用构件层的数据处理。任务动态迁移服务提供上层任务进程挂起、恢复、终止的无序调度机制，可实现上层软件出现异常后在其他 CPU 中瞬间恢复并运行。

应用支撑层包括应用构件层软件内、外总线通信服务，以及人机交互界面的显控通信服务。内、外总线通信服务提供适合身管炮内外信息交互协议的解析方法，包括炮兵信息交换格式、炮内 CAN 总线信息格式，支持信息交互协议的编解码和信息内容的解析，以及报文传输、信息队列支持、共享数据访问、可靠传输支持、信息监控等功能。显控通信服务通过网络与显控平台直接交互信息，可用于信息处理平台与显控平台的数据代理。

目前，身管兵器综合电子信息系统软件已形成了基于国产化硬件的自主可控软件平台，应用构件形成了身管兵器构件库，可视化人机交互形成了身管兵器图元库，配套软件集成开发环境支持应用构件的设计、调试、配置管理和部署等功能，支持人机交互的图元化设计、离线仿真、配置管理和部署等功能。

（四）人机交互技术

人机交互是人与机器之间通过特定方式，实现人与计算机之间信息交流的过程，是关注供人使用的互动计算机系统的设计、评价、实施及相关事宜的学科。现代武器装备系统中，信息的采集、处理和利用，以及指挥决策的制定、实施，都是由操作人员和计算机共同完成。操作人员通过显示操控人机接口，实时获取战场作战态势、武器系统状态信息等重要信息，并根据这些信息作出决策，通过人机接口发出指挥作战命令。显示操控人机交互的效率，直接影响指挥决策能力和效率，进而影响战争局势。

身管兵器的人机交互一般由驾驶员、车长、炮手通过软件界面的形式来呈现，操作手通过人机交互界面进行参数的输入和设置、设备的操控、目标探测信息的获取、目标锁定与跟踪、火力方式选择、弹药选择及射击控制等。从 20 世纪 90 年代开始，我国第一代自行防空武器就具有了车长显示界面、炮手显示界面，随着后续技术的发展，新的软件开发手段和计算机能力的提高，人机交互越来越友好，操作和使用更加便捷，操控舒适度更好，可以提高快速反应能力及射击效率，对身管兵器装备的生存能力有所改善。车载火炮装备中基于自动模式下条件优先、手动方式下操作触发式的人机交互模式，实现了火炮操作的人机闭环，但先进的武器装备，还应以减少人员操作、减少手动准备为基准。基于全数据的流程化引导及人工干预，才能有助于提高作战效率。

（五）指挥控制技术

指挥控制系统是身管兵器系统的重要组成部分，它是车载的实现身管兵器指挥自动化与实时控制的人机系统，是战场指挥自动化系统的末端系统，能实现战场信息的迅速获取、高速信息处理、以网络通信为基础的（含车际间）信息传递、作战指挥的自动化以及有效的实时作战控制，我国积极开展身管兵器指挥控制系统的研究。

军事地理信息系统及图形处理环境技术在工程项目中大量应用，二维／三维地图为指挥控制系统提供了各类态势展现平台，使要图标绘、态势分析、路径规划等兵种专业功能模块与实际作战使用环境更加贴近。

情报分析处理能力有较大提高，采用高性能计算机和各类信息处理模型算法，实现各类情报信息的汇聚、处理、分析，在空情处理领域实现了雷达、红外等多类多源空中探测目标信息的综合处理，其中雷达空情融合正确率≥95%，可适应各类空中目标、各种运动方式。

辅助决策技术在工程项目中得到应用和验证，坐标转换、地形分析、兵力部署、战斗队形配置、责任扇区划分、炮兵射击指挥、防空火力分配等辅助分析和常用计算功能模板在指挥控制系统中趋于成熟，满足各兵种对于身管兵器指挥决策支持的初级需求。

指挥控制系统软件趋于"统一"，遵循统一的软件集成技术体制和标准规范，充分利用基础平台集成运维环境提供的公共服务、编程接口、系统集成工具、软件界面集成工具，可实现软件系统按需组装、统一部署。

体系作战、空地协同、无人作战等新的作战理论研究方兴未艾，部分技术成果已突破原理验证，正在争取型号研制；基于国产芯片和国产操作系统的指挥控制系统也提上日程。

（六）电气控制技术

随着电子、电力、电气、计算机等技术的不断融合，电气控制技术具备了安全、可靠、简单、精准、节能性好等优点。正是因为电气控制技术具备了这些优点，已在各行各业各个领域里被广泛运用，覆盖了大多数与电相关的产品，应用领域广泛。在身管兵器应用领域中，电气控制技术主要包含一体化电源管理、电能分配与回收、电气控制、机电负载管理等相关内容，通过信息获取、综合决策，实现身管兵器电网的平顺性控制、机电负载综合管理、高压安全保护和健康管理，提高机电系统的智能化、综合化处理能力和控制能力。

目前，身管兵器的电气控制技术主要与电力电子技术、仿真技术、计算机技术等相结合，具备以下几个特点：一是系统的正常运作离不开电气控制技术，这种技术能够对系统各部分进行有效的控制，以确保系统的协调运行；二是要想确保系统能够高效的运行，还需要借助电气控制技术的高效监管，通过电气控制技术不仅能够对系统各项运作参数进行实时收集，而且还能够把这些数据传输给操控人员，从而确保操控人员能够对整个系统进行及时、有效地检测和维修；三是借助电气控制技术可以对一些突发事件进行智能化处理，使操作人员减少工作量，同时也可以防止生命财产安全遭受不同程度的威胁；四是电气控制技术可以构建一个良好的平台，确保系统各设备实现资源整合和共享，促进系统与操作人员的交流与沟通，从而提供更加安全、优质的用户体验。

电气控制技术与其他科学技术的多方融合渗透也促进了身管兵器的发展。电气控制技术的发展在控制方法上，由手动控制发展为自动控制；在控制功能上，由简单控制发展为复杂化控制再到智能化控制；在操作技术上，由传统单一的人工控制发展到信息化集成处理；在控制逻辑上，由单一的有触点硬接线继电器逻辑控制系统发展到由微处理器或微型计算机控制的网络化自动控制系统。当前典型身管兵器电气控制系统为微处理器或微型计算机控制的网络化自动控制系统，通常包括配电控制、供电安全、炮塔内照明、三防控制、环境控制、安全联锁、行军固定、击发控制等，还包含诸如排气风扇、舱门开启、告警装置、油源启动、火焰探测/灭火装置等许多不能独自成为较复杂系统的机电设备，通过 CAN 总线实现互联及信息共享，接收上位机的操控指令实现自动控制功能。

身管兵器的电气控制核心功能主要包含电源管理和机电负载管理。根据不同任务剖面，采用不同管理策略，准确预测、分配、调节和控制。发电系统、复合储能装置功率分配管理，实现电源系统功率分配的管理；通过对电源系统实时控制，实现电功率动态响应，满足系统的战技指标；根据用电设备的功率需求以及电源系统自身状态，实时提供电能的储备情况；电能分配与回收通过检测、控制电源系统输出，实现输出与消耗的平衡，保证用电设备用电需求；针对大功率用电设备采用错峰启动策略，提供稳定电网环境；通过对驱动电机在能耗制动模式下电能反馈控制实现能量回收管理；通过系统上电控制策略，完成对配电网络中配电装备和默认上电负载的自动化管理；根据起动模式和起动相关参数自动按照预设逻辑进行起动电气设备的控制；根据系统任务模式和控制需求，同步监测负载状态，实现对机电负载设备的控制和状态管理。

（七）仿真训练技术

仿真训练即为模拟训练，是指运用计算机仿真技术及设备、器材，模拟作战环境、作战过程和武器装备作战效应下，所进行的操作技能训练、军事训练、军事作战演习、战法研究演练等全过程。仿真训练具有安全、经济、可控、可多次重复、无风险、不受气候条件和场地空间限制的特点，既能常规操作训练，又能培训处理各种事故的应变能力。该训练方式具备高效率、高效益等独特优势，一直受到各国军方的高度重视。

近年来我国模拟训练发展迅速，在身管兵器训练装备方面，先后成功研制高炮等一系列随装模拟训练器材，以及防空导弹武器的指挥控制模拟训练系统。

近年来，世界范围内的新军事变革风起云涌，战争形态发生了一系列深刻变化，传统的军事训练模式面临挑战，各个发达国家军队纷纷对军事训练的方法与手段作出改革与调整，特别是在基地化、模拟化、对抗化和信息化战争训练方法上不断改革创新。模拟训练从单装训练模拟器向模拟训练系统发展，由单纯的操作技能训练向联合对抗转变，由单兵种模拟训练到多军兵种合成作战对抗模拟训练演进。

根据随装模拟器功能特点、训练用途及使用对象，仿真模拟训练系统可分为单个人员基础训练、单个人员业务（升级）训练、分队专业协同训练、分队战术训练四个层次，涵盖陆军装甲、炮兵、防空兵、指挥控制、情报侦察、通信、电子对抗、工程、防化、特战等兵种专业。

随着分布式交互仿真、虚拟现实技术和计算机生成兵力技术等方面的研究和应用上的跨越式发展，形成了基于分布式交互仿真和高层体系结构的混合体系结构、虚拟战场环境和人在回路的武器平台模拟训练架构，实现了支持单手训练、单装训练到协同训练的全要素训练模式。经过多年建设，逐步从单纯的技术模拟向战术模拟转变，从单一兵种模拟向诸军兵种联合作战模拟及实兵对抗训练转变。

三、国内外发展对比分析

（一）身管兵器综合信息管理技术国外发展

1. 身管兵器综合信息管理总体技术

随着数字技术的不断成熟，分散配置计算形式在身管兵器中得到应用，如数字式火控计算机、微机控制身管兵器随动系统、微机控制光电系统等。主要功能单元都使用了各自的数字计算机，各数字计算机具有自主性，均能独立工作，每个数字计算机都有 CPU 处理器、本机程序、数据存储器、I/O 接口、总线接口等，均可以使用或控制附加外设。每台数字计算机专用于某一任务，处理功能的复杂性由任务而定。各计算机之间的通信多采用并行接口或串行接口方式，控制通常采用中断或查询方式。多机系统具有配置上的灵活性，便于软件功能扩充。

随着数字计算机技术、单片机技术的成熟与发展，身管兵器联合式综合电子信息系统架构采用 1553B 总线、CAN 总线或 FlexRay 总线将各个独立的功能电子箱体连接起来，总线用于传输命令和接口信息。身管兵器联合式综合电子信息系统的整体形式是一个分布式、松散耦合的信息处理网络，系统之间以总线进行连接，各功能系统均按功能的不同而具有独立完整的系统，包括各自的传感器、控制器、放大器或驱动器、执行部件或电源供给等。这一时期对应的装备主要有美国的 M1A2 和德国的"豹Ⅱ"，其特点在于各子系统的资源和功能相互独立的前提下，综合电子信息系统通过总线网络实现子系统间的互联互通。

美军在未来新型身管兵器武器系统的研制中，开始注重提高装备多用途、模块化配置，以及远程作战、杀伤力、综合防护、机动性、可保障和网络一体化、互操作、随时随地网络化信息感知能力等。其中身管兵器综合电子信息系统技术运用了新型标准系统结构和开放性、通用化、标准化、模块化的总体设计。开放式系统架构统一采用实时以太网连接各个功能模块或子系统，通过网络交换机完成电子设备之间的数据交换，实现了资源共享与信息融合；注重软件构件化技术，使软件具有可重用性，通过对构件化软件的组装，来实现系统的不同功能；强化人机交互设计，人机交互系统及各功能模块基于高速以太网交换网络构成开放的、松散耦合的分布式并行计算集群，形成互联互通互操作的综合电子信息系统。系统采用系统通用操作环境，可实现应用软件的灵活升级；采用集成化综合处理计算机，实现火炮装备平台的任务统一管理、信息综合处理、信号综合处理、图像综合处理、数据存储共享等基础功能，并向装备各子系统如通信、火力、随动、供输弹、感知、机电等提供任务计算、功能控制的支撑能力，从系统整体角度完成信息浏览显控、功能冗余备份、任务迁移、系统重构等功能。

2. 通信网络技术

随着作战任务的复杂度和多样性的增加，单一平台、单一系统往往无法满足作战任务需求。以美军为代表的各军事强国开始研究多平台协同作战样式，该作战样式呈现网络化、无人化及智能化的特点，更强调信息共享和协同指挥。

（1）装备间通信网络技术

美军车载电子信息平台遵循了三步走发展方式：分离式设备集成、总线化板卡集成及协同网络化集成。近年来，国外在宽带自组网波形技术突破及相关产品的研发方面取得较快进展，如美军"联合战术无线电系统"（JTRS）中的士兵无线电波形（SRW）、宽带网络波形（WNW）和高级网络宽带波形（Adaptive Networking Wideband Waveform，ANW2）。

WNW 是美军 JTRS 电台波形库中一种新型波形协议标准，它还将成为美国各军种及海岸警卫队的默认互通波形，是美国战术互联网的基础。

ANW2 为美军现役通信装备 PRC-117G 宽频段电台中的主要波形，该波形由 Harris 公司采用 SCA 架构自主研发，物理层采用自适应调制技术，网络层采用改进型的 OLSR 协议，单网最多可以支持不少于 280 个用户节点。

（2）装备内部总线通信技术

西方发达国家陆续开展装备电子综合化的研究，并由此催生了一批具有代表性的数据总线技术，其中包括 1553B、MIC 和 CAN 等。1553B 数据总线是当前世界各国武器平台中使用最广泛的总线，典型代表有英国"挑战者Ⅱ"型主战坦克，传输速率可达 1Mbps，采用时分多址复用，以指令/响应为通信规程，并具备完善的通信控制和管理能力。MIC 数据总线是将 1553B 的协议进行简化，在硬件层上实现了 1553B 数据总线在软件层上的功能，通信速率为 2.0Mbps，使用 MIC 数据总线的典型代表有美军 M1A2 主战坦克。CAN 总线则是目前工业和汽车领域应用最为广泛的现场总线技术之一，它采用基于 CSMA/CA 的异步通信方式，其通信速率可达 1Mbps，目前也在陆战装备中得到了广泛应用。

长期以来，机载电子综合化系统的发展是所有武器平台相应系统的先行者，其对于身管兵器电子信息技术的发展具有重要的借鉴价值。当现用总线网络不能满足下一代航空电子系统对数据通信的需求时，美国开始启动航空电子统一网络的研究工作，探索利用单一协议的网络互联技术，包括交换式以太网、光纤通道和 ATM 在内的多种网络技术成为其候选协议。目前，基于交换式以太网技术的 AFDX 标准已在空客 A380 和波音 787 等民航飞机上得到应用，而光纤通道技术则更多地应用到作战飞机平台之上，其中包括 F/A-18EF、F35 和 AH-64 等。此外，民用技术也越来越多地渗透到军事领域，如时间触发以太网 TTEthernet 也受到越来越多的关注。

3. 软件技术

国外的综合电子信息系统软件技术起步较早，从底层的 BIT 软件、应用层的功能构件软件，到系统级的健康管理软件、三维人机交互软件都相对成熟，现已广泛应用于身管兵器的综合电子系统中；分布式软件开始在身管兵器系统的体系协同和作战中部署；各种基于低功耗微处理器的软件大量地用于测量、感知、通信等功能。基于 FPGA 的软核技术在态势感知、图像拼接等各种高性能处理领域广泛使用。

4. 人机交互技术

美军的宙斯盾系统（Aegis）中广泛使用了显示操控人机交互技术，硬件部分由信息处理、指挥控制、网络通信、辅助设备等部分组成；软件部分由基础软件平台、支持软件和应用软件等部分组成。长期以来，各国着眼于提升作战人员态势感知、数据显示和指挥通信等能力，着力将可穿戴技术引入实战运用，并研发出一系列智能可穿戴配件。

在航空领域，飞行员头盔显示系统是军用智能可穿戴设备的代表，当前各国空军的头盔显示系统普遍支持目标指示、态势感知、数据显示、通信联络、武器瞄准等多种作战功能。以美军 F-35"雷电Ⅱ"战机新型头盔系统为例，该头盔系统可跟踪飞行头部动作动态显示飞行与作战关键信息，可通过机身四周的摄像机实施 360 度全向观察，可对飞行员视域内目标进行位置判定、身份认证、敌我识别、警报提示和指示开火，更可实现夜间数据与图像信息的态势叠加。与飞行员头盔系统异曲同工的是单兵头盔式夜视镜，例如美军装备普通作战部队的"ENVG"头盔式夜视镜，具备夜间热成像、智能化"集像增强"图像数字处理和激光标识目标等功能，夜间目标识别率达到 150m 内 80%、300m 内 50% 的水平。

国外在人机交互方面进行了以下研究，基于增强感知的身管兵器人机交互技术，包括增强感知显示技术研究、跟踪注册技术研究、三维配准技术研究；基于多通道融合的身管兵器人机交互技术，包括基于语音识别的系统控制人机交互模型研究、基于手势识别的指令控制人机交互模型研究、基于眼动识别的火控跟踪人机交互模型研究、多通道信息融合策略研究；用户意图预测技术，包括操作者行为层意图预测模型研究、身管兵器控制任务层意图预测模型研究、主动响应式人机交互机制研究。

5. 指挥控制技术

当前复杂战场态势下，战争形态从单一兵种对抗逐渐演变为整体军事力量对抗，能否取得战场胜利取决于对整个战场的联合火力指挥与控制。现代战争正在从作战要素间的对抗转变为双方体系的对抗，为了适应这种转变，美军提出并发展了"多域战"的作战概念，谋求联合作战生存空间的扩展，推动其由传统陆地向海洋、空中、太空、赛博、电磁等其他作战域拓展，并将"多域战"写入作战条令中，旨在打破军种、领域之间的界限，拓展陆、海、空、天、电、赛博等领域作战能力，以同步跨域火力和全域机动来实现物理域、认知域和时间方面的优势，以实现未来作战力量的一体化融合，身管兵器也在发展中不断强化融合多域作战体系。

指挥控制系统作为作战体系中至关重要的一部分，必将成为多域战建设发展的重点。美国空军对核心使命任务的排序进行了演进，将"指挥与控制"改为"多域指挥与控制"，将"航空航天优势"改为"自适应多域控制"，体现加强多域作战能力及使其高度一体化的强烈意图，以适应双方的对抗由"要素对抗"向"体系对抗"转变。多域作战环境下指挥控制应具备的基本能力包括全域态势感知能力、跨域战术决策能力、跨域任务规划能力、跨域协同引导能力等。

空地一体协同作战一直是装备发展的重要方向，特别是在无人作战装备迅速发展的今天，空地协同体系作战的优势更为明显。空中作战平台具备机动性能好、态势感知能力强的优势，地面陆战硬装甲装备具备安全防护性能好，火力强的优势，采用无人机与地面装备协同作战的方式，可充分发挥各自的优势，形成协同作战能力，提高整体作战效能，能够"看得更远、反应更快、跑得更快"。从融入作战体系的需求出发，无人机系统不再是传统意义上受限于"烟囱式"发展互联互通困难的"无人飞行器平台"和"地面指挥控制站"，而是以"任务"为中心，面向"协同"，构成体系化作战大系统中的综合子系统。

6. 电气控制技术

随着电子、电力、电气、计算机等技术的不断融合，电气控制技术具备了安全、可靠、简单、精准、节能性好等优点。正因为电气控制技术具备了这些优点，已在各行各业各个领域里被广泛运用，而电气控制技术覆盖了大多数与电相关的产品，应用领域广泛。在火炮武器应用领域中，电气控制技术主要包含一体化电源管理、电能分配与回收、电气控制、机电负载管理等相关内容，主要通过信息获取、综合决策，实现身管兵器电网的平顺性控制、机电负载综合管理、高压安全保护和健康管理，从而提高机电系统的智能化、综合化处理能力和控制能力。

电气控制技术与其他科学技术的多方融合也促进了身管兵器的发展。在控制方法上，电气控制技术由手动控制发展为自动控制；在控制功能上，由简单控制发展为复杂化控制再到智能化控制；在操作技术上，由传统单一的人工化控制发展到信息化集成处理；在控制逻辑上，由单一的有触点硬接线继电器逻辑控制系统发展到由微处理器或微型计算机控制的网络化自动控制系统。当前典型身管兵器电气控制系统已是具备由微处理器或微型计算机控制的网络化自动控制系统，该系统通常包括配电控制、供电安全、炮塔内照明、三防控制、环境控制、安全联锁、行军固定、击发控制等，还包含诸如排气风扇、舱门开启、告警装置、油源启动、火焰探测 / 灭火装置等许多不能独自成为较复杂系统的机电设备控制，以及通过 CAN 总线实现互联及信息共享，接收上位机的操控指令实现设备自动控制。

身管兵器的电气控制核心功能主要包含电源管理和机电负载管理，包括以下九个方面：第一，发电系统、复合储能装置功率分配管理，实现电源系统功率分配的管理；第二，通过对电源系统实时控制，实现电功率动态响应，满足系统的战技指标；第三，根据用电设备的功率需求以及电源系统自身状态，实时提供电能的储备情况；第四，电能分配与回收通过检测、控制电源系统输出，实现输出与消耗的平衡，保证用电设备用电需求；第五，针对大功率用电设备采用错峰启动策略，提供稳定电网环境；第六，通过对驱动电机在能耗制动模式下电能反馈控制实现能量回收管理；第七，通过系统上电控制策略，完成对配电网络中配电装备和默认上电负载的自动化管理；第八，根据起动模式和起动相关参数自动按照预设逻辑进行起动电气设备的控制；第九，根据系统任务模式和控制需求，同步监测负载状态，实现对机电负载设备的控制和状态管理。

7. 仿真训练技术

美国十分重视仿真训练技术的发展，将"综合仿真环境"列为保持美国军事优势的七大推动技术之一。美国注重用高技术实现高水平建模与仿真。在硬件方面运用高性能计算机，在软件方面有专家系统技术、人工智能技术、高性能数据库等。在用户界面方面有动画和三维图形显示技术、直观图像生成以及虚拟现实、增强现实及混合现实技术等。美军直接、间接用于支持武器系统研制的模型就有将近 2000 个，仿真建模的应用贯穿于武器装备转化为战斗力的全过程。

美军已构成日臻完善的模拟训练装备体系，基本覆盖了训练的全领域、全对象、全过程。美军研制的"毒刺"导弹虚拟训练器采用了头盔显示器、交互式音响技术、工作站以及三维鼠标器等先进技术手段，并制造了与实物同样大小的塑料"毒刺"导弹模型，以使被训练人员在模拟训练中有良好的触觉真实感。美国与德国合作开发的坦克模拟训练网络，每个模拟器都是一个独立的装置，它可复现 M1 主战坦克的内部，包括导航设备、武器、传感器和显示器等，其车载计算机可以动态模拟车载武器、传感器和发动机的各种信息，另外还存储着可产生整个虚拟战场的数据库资料，利用其数据库资料可准确地复现特定地区的地形特点，包括植被、道路、建筑物、桥梁等。利用分布式交互仿真技术，美军在"千年挑战"演习中，将分散的 26 个指挥中心和训练基地，置于同一背景、同一战场态势、同一作战想定之下，成功地进行了一次实时同步的联合作战大演习。在这次演习中，用户能够同时对敌我双方雷达、通信、干扰系统参数、实体种类和飞机进行描述，然后，通过创建网络连接和网络结构建立一个指挥、控制和通信的体系框架，构建联合作战条件下的复杂战场环境。

俄罗斯同样是世界上的模拟训练强国，他们的先进武器装备几乎都编配有相应的模拟训练器 / 系统，且正在朝着通用化和嵌入武器作战运行的方向发展。如"音色 –M"通用模拟训练系统就是用于 C–300 系列地空导弹系统指挥所及作战班组人员的通用模拟训练装备。"TOP–MI"型地空导弹武器系统配备有专用模拟训练车，可在武器转战搜索目标的同时完成战地模拟训练：模拟想定的复杂空情，17 种空袭方案，17 种典型目标运动和 7 种有源、无源干扰等。此外，俄罗斯研制的 T–72 主战坦克模拟器、"图拉"（Tula）反装甲武器模拟器、"无风 –1"舰载导弹防空系统模拟训练器等，列装部队后取得良好的训练效果。英国、法国、德国等西欧国家也十分重视模拟训练。他们将模拟训练器发展作为参加军备竞赛的极重要方面，致使模拟训练技术及应用始终处于世界先进行列，并形成了十分繁荣的"模拟训练器 / 系统"商品市场。

（二）身管兵器综合信息管理技术发展对比分析

1. 我国身管兵器综合信息管理技术的主要薄弱环节

虽然我国身管兵器综合信息管理技术研究起步较晚，但是发展进步迅猛。经过近年吸收、引进、消化、自主研发的发展道路，我国身管兵器综合信息管理技术取得了从无到有的发展，形成的以总线为核心的分布式互联的综合电子信息系统结构，已在现役先进装备上得到应用，有效解决了装备电子系统之间的信息共享、车际车内信息互联互通和战场指挥控制，且现役先进装备综合电子信息系统所采用的技术体制与国外现役先进装备基本一致，处于国际先进水平。但是从技术发展水平与国外发展来看，还存在以下的薄弱环节。

1）系统开放式、模块化、标准化程度存在一定差距。国外装备综合电子信息系统已经广泛采用模块化、通用化设计，95% 的电子设备实现了通用化，具有一套标准体系规范。而国内装备综合电子信息系统近几年已经开展了通用化、模块化设计，但是其通用化程度和标准化水平还存在差距，仍存在同一功能电子设备种类繁多、接口不统一等现象。

2）通信网络在传输速率、传输带宽、网络健壮性、传输可靠性、稳定性等方面存在差距。对战场多源信息如视频、图形、图像等大数据信息通信的支持能力有限，未形成全域覆盖、全网在线的体系框架，从中心到节点，纵向到营连甚至单兵，横向到各军兵种的分布交互式信息保障技术尚在加速推进过程中，而复杂战场对抗环境中通信网络的稳定性、可靠性仍是制约装备性能提升的关键因素。

3）协同作战能力有待加强。传统的以平台探测、跟踪和打击为主的作战模式必须向网络化、协同化发展。须做到作战平台间各类信息的快速交互并快速制定对目标协同打击的策略。同时，随着战场电磁环境日益复杂和电子战的发展，武器系统必须具备电磁寂静、雷达交替开机等手段进行协同作战。在协同作战方式下，提高信息利用率，提升对目标的快速识别、精确跟踪能力和多平台多种武器协同控制能力。

4）信息处理能力较弱。信息处理向多源集成化和高速化发展，主要体现在，一是多源信息融合、信息处理集成化；二是采用高处理速度器件、运用先进的网络架构和通信总线，提升信息处理能力和速度；三是应用先进的计算机与网络技术，对信息处理软硬件进行自主开发，提升系统的可控性、安全性。

5）自主化、智能化能力不足。近年来，美国研制了"黑骑士"和"魔爪"系列以及ARV-A智能化无人装备，俄罗斯军工企业推出了"平台-M"和"天王星"-9等无人装备，而国内目前的无人装备还处于预研阶段。无人装备将沿着远程遥控控制到部分功能自主直至全自主的路线发展，需要依靠武器装备综合电子信息系统重点开展任务理解与规划、火力分配、作战推演与辅助决策、毁伤评估、健康管理等技术研究，缩短OODA时间，提高乘员决策效率、火力反应速度和作战使用效能。

2. 通信网络技术与国外同类技术的差距

（1）装备间通信网络技术

通信速率低、能力弱。以UHF频段的TCR173A型通用高速数据电台自组网、单兵综合终端自组网为代表，目前其通信能力分别是1Mbps、4Mbps，与美军ANW近20Mbps通信速率存在明显差距。

抗干扰技术手段单一。目前抗干扰手段主要以跳频为主，如UHF频段的TCR173A型通用高速数据电台跳频速率为1000跳/s，缺乏跳扩结合、智能频谱感知、智能跳频、抗录放干扰等手段，且根据应用环境的不同在OFDM、AJ、LPI/LPD等多种抗干扰模式之间自适应切换。

组网规模较小，与部队实战需要存在差距。以UHF频段的TCR173A型通用高速数据电台为代表，目前支持最大6跳的自动中继组网能力，单网最大用户节点个数为32个，与外军的数百个网络用户支持能力存在较大差距。

组网效率有待提升。由于信道访问机制目前主要基于时分多址（Time Division Multiple Access，TDMA）时分共享信道，且采用单级组网，在网内同时存在多个用户节点的情况下，导致每个用户的传输能力大大下降，主要表现在传输速率、网络容量、建网时间、接入效率、网络收敛、多跳话音及传输时延等性能指标，与美军所采用的时空频多维空间信道接入、多级组网技术所带来的高效组网能力有较大差距。

业务以话音数据为主，不支持高清视频。以UHF频段的TCR173A型通用高速数据电台为代表，目前支持话音、数据、视频的传输，但由于传输能力的不足，对高清视频及多跳话音的传输与美军同类装备存在一定的差距。

数据链技术差异较大。国内的J链、全向武协链（类美军TTNT数据链）主要面向空空、空地武器平台协同应用，在业务类型、组网规模、应用环境等方面均与陆军地面组网存在较大差异。陆军战斗协同网的设计研制可充分借鉴全向武协链物理层和链路层相关通信体制和接入协议，但现有的技术体制无法支撑。一是在传输速率方面，目前我国的三军联合信息分发系统和武器协同数据链目前的最大支持速率为238Kbps和2Mbps，无法满足多平台协同作战的宽带传输需求。二是在抗干扰能力及环境适应性方面，三军联合信息分发系统和武器协同数据链主要面向空空、空地等作战应用场景，其波形设计不能很好地适应地面传输环境。三是在组网技术方面，三军联合信息分发系统采取TDMA方式，其需要提前规划，且不利于实现毫秒级低时延传输。武器协同数据链瞄准低时延传输，但其网络吞吐量无法满足多个武器平台协同作战需求。

（2）装备内部总线通信技术

从技术发展来看，总线网络技术正在向着更高带宽、更小延迟和更加灵活的方向发展，国内也有基于国外成熟网络的应用改进，目前国内与国外总线网络技术发展相比还存在以下问题。

在欧美，网络总线的开发本着重复使用的思想，而中国的重复使用率低。欧美国家的以网络总线为中心的产业链已经初步投入使用，中国大多是单枪匹马上战场，目前还没有与企业联合。

国际大型生产厂家都有着一套自己的生产标准，中国大多没有整套的生产标准。欧美的网络总线的开发采用国际的V模式，从上到下，集成测试，可靠性较高，中国网络总线的开发方式为自下向上，虽大大节省成本，但是在要求高的时候，就必须要求拥有娴熟的技术方可按时完成。

3. 软件技术与国外同类技术的差距

国内身管兵器方面，底层硬件的BIT监控测试软件刚刚起步，仅在部分电子产品中做到了板级的电压和电流检测，功能模块级别的板级诊断和测试软件还没能在系统中部署使用。系统级别的软件也停留在初期阶段，功能构件软件还没有形成规模化开发和使用，健康管理软件仅仅完成了状态监测、系统告警、电子履历等功能，系统可靠性、诊断预测等软件功能还仅停留在理论研究层面，人机交互软件刚刚开始步入三维显示阶段，语音、头盔等新一代交互软件处于前期预研阶段。基于DDS的分布式软件技术还没有体现出其系统和处理优势。各种微处理器软件仅在基本控制和处理功能领域处理，并未渗透到各种测量前端。基于FPGA的态势感知、图像拼接等高性能处理软件技术仅仅在部分特殊领域使用，还没有在身管兵器系统中开展研究。

当前国际上的嵌入式软件技术及其相关产品相对于国内技术与产品的稳定性有着十分明显的优势。造成这一差距的重要原因就是我国对嵌入式软件测试工作不够重视。我国对软件测试的重视程度不够，软件测试工作人员的素质参差不齐、软件测试工作没有科学化管理等导致产品生产不稳定。

4. 人机交互技术与国外同类技术的差距

在人机交互技术方面国内通过关键技术研究和装备应用，形成了一系列技术成果和产品，但对比国外技术发展，仍然存在以下几方面的差距。

1）图像处理技术、虚拟现实技术还比较落后。

2）多点触控技术有待进一步研究和应用，用户可以通过双手进行触摸，也可以以单击、双击、平移、按压、滚动以及旋转等不同手势触摸屏幕，实现随心所欲地操控，从而更好更全面地了解对象的相关特征。

3）多通道人机交互技术需要进一步发展。通过引入语音、手势、视线等新的交互通道，使用户利用多个通道以自然、并行的方式进行人机对话，充分利用非精确性输入捕捉用户的交互意图，大大提高了人机交互的自然性和高效性。

5. 指挥控制技术与国外同类技术的差距

在国内，初步完成身管兵器信息化的综合集成建设，将原"烟囱式"发展的各兵种装备集成改造为能互联互通的指挥控制系统，并在此基础上进一步迭代发展，初步实现各兵种互联互通、信息共享、指挥控制，初步完成陆军、海军、空军防空兵联合防空反导建设，可担负全军日常防空作战值班任务。已启动基于"要素融合""面向服务"的网络信息体系建设研究，探索基于云计算、大数据、人工智能等新技术的新一代指挥控制系统。总体来说，与国外还有差距。

缺乏统一的规划、统一的接口标准、统一的数据存储平台，导致功能重叠、重复投资等现象大量存在。各级建设指挥系统过程中考虑了自身的需求，功能单一，往往集中在自身的业务需求、机构特点上，不能为联合作战指挥员提供一个统一的视图，一个全面的了解综合情况的系统，不能为联合作战指挥员全面把握各方面情况从而作出决策提供支持，同时也不利于各个业务部门之间的全面协作、统一指挥、统一调度。系统结构不够灵活，难以适应需求的变化。现有的形态，功能模块紧密耦合，一旦需求发生变动，就必须对系统进行源代码级的改进，维护复杂。一体化联合作战环境下的指挥控制能力较弱，各种作战单元和作战要素不能高度融合，无法实现作战力量的一体化。

6. 电气控制技术与国外同类技术的差距

在世界军事强国中，美国、瑞典和俄罗斯等国军用技术最具代表性，也代表了整个世界军用电气控制技术的发展趋势。美军的陆军主战装备电气系统采用270V高压直流和28V低压直流混合供电体制。电气化执行部件相对于液压、气动、齿轮传动等机械设备具有易于维护控制、响应迅速等优点，用途非常广泛。在国际，身管兵器各个系统的电气化已成为发展趋势，纷纷对武器系统、驱动系统、装甲防护系统等进行电气化改造，如目前涌现的电化学炮、电磁炮和大功率激光武器、防护系统的电磁装甲、驱动系统的混合驱动和电驱动技术。电动伺服系统具有整个通路（功率电子装置和制动器）的能量效率高，电容式蓄能器能够回收60%的炮塔动能，带来明显应用优势；在高压（270V）下具有极高的效率与较高的带宽。

从技术发展来看，身管兵器正在由机械化向电气化转变，电气控制技术将满足并推进系统的电气化，随着电磁炮或电热炮、电磁装甲防护、全电底盘等技术的发展将推动全电兵器的实现。但目前与国外技术发展相比还存在以下不足。

1）我国身管兵器传统单一的 28V 供电体制以及电气控制技术无法达到未来应用发展需求，与世界先进水平相比落后至少 5 年以上，在高功率混合供电体制、电能管理技术、能量回收技术、动态负载管理技术和一体化电源控制、体积等方面储备较少。

2）作为电气控制技术作用的重要对象，电气控制系统能否处于稳定高效的运行状态，体现着电气控制技术的实践应用效果，而现阶段电气控制系统运行中大多采用了自动化形式的控制系统，系统所需的元件未实现百分百国产化、已实现国产化器件与国外器件对比又存在着功率等级、体积重量、可靠性等问题，需要在未来电气控制技术发展中予以重视及解决国产化应用问题。

3）随着技术的发展，身管兵器信息化水平不断提升，对电气控制中电气自动化发展速度的加快产生了积极的影响。近年来，我国电气控制技术也有了很大的进步，逐步实现了自动化的发展进程，电气控制技术也在不断地改革与创新，在不断的发展过程实现了自动化控制、智能控制等多种智能化技术。我国电气控制技术与国际电气控制技术相比，仍然有很大的差距，国外已开始大数据赋能的工业 4.0 时代，但是国内还受制于配套企业生产成本经济性、技术含量等因素的影响，使得具有自动化特性的电气控制系统运行效率难以达到实际需求要求，且给信息化电气控制系统的研发工作落实造成了不利影响。

7. 仿真训练技术与国外同类技术的差距

在军事模拟训练技术发展方面，我国与美国的差距明显。尤其是在关键技术创新发展与应用、技术协议标准统一与联合作战训练能力上方面，具有较大差距。

1）关键技术亟待进一步发展。美国注重用高技术实现高水平建模与仿真。在硬件方面运用高性能计算机，在软件方面有专家系统技术、高性能数据库等。在用户界面方面有动画和三维图形显示技术、直观图像生成以及虚拟现实技术等。对比美军，我军需要加强对高科技的研究运用，尤其是最先进的仿真技术和方法，使模拟系统的发展能跟上高新武器装备的发展，使其尽快形成战斗力。

2）缺乏统一技术协议标准。模拟训练器装备体系建设上，美军在统一硬件和软件开发标准有几方面优势：一是便于各单位研发的相关模拟系统或仿真单元能够互联互通，避免重复开发建设，使各单位可集中物力财力对重点技术进行攻关；二是可降低科研和生产成本，大大减轻保障难度和压力；三是真正实现信息资源的共享，为三军进行联合作战模拟演习创造条件。

3）联合作战训练能力不足。为尽可能减少部队调动和降低训练费用，美军采用了分布交互式模拟训练方式，即通过信息网络把分布在各地的部队与模拟设备连接起来，从而可以达到模拟器材共用的目的。这样不仅提高了模拟设备的利用率，也给部队提供了更多的训练条件和机会。美军计划，今后要适当增购高技术模拟训练设备，进一步扩大分布交互式模拟训练网络。目前，我军装备的武器系统型号越来越多，与之配套的模拟训练系统也日益增多。然而所装备的模拟训练系统几乎都是分散建设、独自运行、结构封闭的，只能适应某一领域的单独训练，不能开展分布式的多种武器一体化联合交互式对抗训练，无法满足信息化作战训练需求。

4）仿真训练体系建设有待完善。美军在军事模拟训练负责机构建设上处于世界领先地位，分别在美国国防部、美国陆军、美国海军和美国空军设有专职部门。JMASS 是由美三军联合开发的、多军种通用的工程及交战级作战仿真体系结构和相关的工具集。JMASS 主要包括三个部分：①模型标准，包含可重用的软件结构化模型和模型应用编程接口；②仿真支撑环境，包含仿真引擎、可视化开发工具、事后处理分析以及商业软件工具接口等；③模型库和资源库，包含本地模型和数据库，以及建模与仿真资源库。EADSIM 是美军最成熟、使用最广泛的任务级作战仿真系统之一。系统能够满足以 C4ISR 为中心的导弹战、空战、空间战以及电子战等作战样式的需求，应用领域涵盖作战方案分析与规划、武器装备论证与评估、军事训练与战法研究等。

四、发展趋势与对策

（一）身管兵器综合信息管理技术发展趋势

身管兵器综合信息管理技术整体发展趋势：建设成具有体系网络化、架构开放化、平台通用化、硬件模块化、软件构件化、作战控制智能化、技术自主化等特征的高度综合化的开放式武器综合信息管理系统，实现系统软硬件资源的高度共享、信息的互联互通互操作、作战流程的智能控制，有效提升身管兵器综合作战效能，推进装备数字化、信息化、智能化跨越式发展。

1. 身管兵器综合信息管理总体技术

随着装备技术由以平台为中心向以网络为中心的体系建设不断深入发展，身管兵器综合信息管理技术也将向构建网络化、模块化综合电子信息系统方向发展，由传统面向身管兵器单平台任务功能集成和电子资源共享向解决战场条件下装备体系信息资源共用转变。系统总体将采用开放式先进综合电子信息体系结构，突破模块化、通用化设计，通过软硬件资源共用，实现武器装备电子系统模块化功能集成；通过战场一体化网络和平台电子系统的高效融合，形成网电一体的开放式电子信息体系，使身管兵器能够快速融入全军网络信息体系，实现信息互联互通互操作，为装备形成决定性的信息、决策、行动、火力、防护等优势，为提高装备体系下的综合作战效能奠定基础。

向网络一体化、信息一体化、平台一体化方向发展。随着网络化、信息化技术的发展，为了发挥身管兵器的作战效能，综合电子信息系统需向网络一体化、信息一体化和平台一体化方向发展。网络一体化主要完成连级或营级防空分队形成扁平化、动态可重组的实时高效信息交换网络；信息一体化主要完成防空分队内的信息高效交换及网内信息的综合管控、信息融合、指挥控制等实现全网的目标识别、实时预警、协同探测、协同跟踪及协同打击等功能；平台一体化主要完成作战单元硬件平台、软件平台和总线网络平台的构建，形成模块化、可扩展的武器平台开放式体系架构。

技术体制统一化。通过标准的接口规范和现场可更换模块构建通用电子平台，传统的火控计算机、信息处理计算机、随动控制箱、导航控制计算机、目标跟踪计算机等硬件均被通用现场可更换模块替代，使系统电子箱体数量减少、电缆线数量和长度减少，系统质量减轻且成本降低。

硬件模块化、软件构件化，提高可靠性。通过硬件模块化、软件构件化设计，提升综合电子信息系统模块化、标准化设计水平；通过传感器检测和故障数据库技术，提升武器系统故障预测及全寿命管理能力；通过软硬件冗余设计，提升武器系统可靠性。

2. 通信网络技术

构建宽带、高速、实时、可靠、多维立体的体系化网络，满足身管兵器综合信息系统一体化、平台通用化、技术自主化等需求，实现身管兵器综合信息系统之间各平台、系统内各节点信息的互联互通互操作，有效提升身管兵器综合作战效能，推进装备数字化、信息化跨越式发展。综合分析国内外身管兵器的通信网络现状，可总结归纳以下发展趋势：

运用综合多种通信手段，确保身管兵器平台移动、阵地作战需求，确保高带宽、高实时、高可靠、高抗毁的体系化通信网络。

软件无线电架构的普遍应用，通过波形软件化设计，实现了电台的多功能加载和多体制兼容，设备采用模块化、组合化设计思路，既精简了设备类型，便于人员操作，同时也提供了灵活的有人装备、无人装备协同通信能力。

向更高频段扩展，部分设备已从原来的 VHF/UHF 向 L 波段、S 波段乃至 C 波段等更高频段扩展，提升通信速率，支撑更丰富的业务传输需求。

采用"网链融合"设计，通过软硬件平台承载电台波形和数据链系统，实现"链在网中"或"链与网通"。

基于 5G 技术、卫星通信的集成应用，将成为未来身管兵器构成网络化通信能力的依托方向，实现身管兵器平台跨地域作战的通信需求。

信息与电子技术发展很快，在身管兵器系统上的应用又有比较大的滞后，所以身管兵器系统信息与电子技术的应用还有很大的发展空间。它们将对车上通信与控制网络提出一些新的需求，特别是网络的通用性、应用的高带宽、低延迟和网络的开放与互联扩展性能。随着身管兵器系统信息化、智能化进程的不断加快，大量的智能化电子产品被应用到身管兵器系统中，而云概念的快速崛起，有效促进了自主控制技术和协同作战技术的应用，如自主侦察、目标识别、运动路径预测、路径规划和协同打击的现代化作战应用直接决定了身管兵器的智能化程度。身管兵器系统中电子控制单元数量越来越多，功能日益复杂，通信数据量不断增大，对数据传输网络的通信容量、实时性、确定性、成熟性、可靠性（余度或冗余技术）和部署成本等都有了较高的要求，此外传输网络还要满足系统平台内部一体化、综合化、信息共享、多元多层次信息融合的需要。在身管兵器数据量的不断增多的情况下，更加注重各子系统和设备数据信息的共享。以往使用的总线网络已经很难在带宽上适用，而在身管兵器网络标准中占据核心地位的 CAN 总线、FlexRay 总线也面临停滞不前的发展困境。通过文献研究和行业兴趣可以预见，以太网最有可能也最有前途成为下一代身管兵器系统网络的标准。由于以太网是一种广泛使用和认可的 IEEE 标准，身管兵器将受益于它的持续发展和改进，包括带宽的改善，成本的节约以及实施的灵活性。尤其是 Broad R-Reach、AVB 和 TTEthernet 近两年得到迅速发展，基于时间触发或带宽预留、优先级控制等策略的合理调度和使用，能够较好地保证控制数据通信任务的实时性，避免使用载波监听、多路访问、冲突检测方式来解决网络传输中竞争和冲突的问题。遗憾的是这些技术联盟及组织中罕有国内厂商及半导体公司的身影，与以太网相关的中文文献也较之匮乏。国外已有以上以太网技术的相关产品投入装备应用，国内也将大力开展对以太网相关技术的应用研究，制定符合我国身管兵器系统的以太网产品、协议及相关标准规范，提高我国身管兵器系统的信息化与智能化水平。

3. 软件技术

随着芯片技术的发展和通信、物联网、AI 产业的发展牵引，系统级软件向着分布式、边沿式、智能化方向发展，嵌入式软件向微型化、专业化方向发展。针对身管兵器，分布式软件主要用于完成多系统互操作、火力协同、作战协同等功能；边沿处理软件主要用于接入上级指挥大数据系统，完成营连及单车作战级别的任务理解规划及维修保障任务；智能化软件主要用于实现火力决策、智能操控等核心功能。嵌入式软件结合新型底层微处理器使用，主要完成参数测量、近距离微功耗通信、信号预处理等（低成本）单一化功能，为实现系统级健康管理、作战决策、主动防护等功能提供前端信号源。

在持续发展的计算机软硬件、总线网络和人工智能等技术基础上，身管兵器综合电子信息系统软件将集通用化、构件化、智能化、服务化、网络化等技术为一身，通过高度综合，最有效地利用各子系统的信息资源。软件测试从之前的人工测试向自动测试方向转变，让测试的效率得到有效的提升，让系统测试相关人员所承担的工作负担得到有效的减轻，这也就能够使得测试人员把工作的重心确立成为系统测试层面，系统软件的可靠性大幅提高。

系统功能更加强大，子系统增多。子系统硬件逐步由计算机控制系统蜕变为片上控制系统（System on Chip，SoC），硬件软件化比例提高，功能构件化程度更高，整体功能性能、可重用和可靠性越来越高。装备中的传感器数量成倍增加，系统信息的种类和比特量巨大，总线带宽不断提高，集战场态势感知、有效运用力量和可靠服务网络三种主要功能于一体。共用构件越来越丰富，在系统中所占比例越来越高，装备功能主要依赖于系统配置管理完成。

4. 人机交互技术

未来一体化联合作战背景下，多军兵种、多平台作战资源一体化程度不断提高，作战信息量大、作战节奏快。实现"陆海空天巡飞察打攻防一体"，基于网络化、一致化、智能化、自然化高效人机交互的综合显示操控是必由之路。未来各显控典型设备必然通过高带宽网络互联，具备高速高效数据处理能力，使用群体通过安全、自然、高效的人机交互方式，依据不同权限操控各级人机交互设备。

新型人机交互平台需充分考虑人机工程设计，本着"人–机器–环境系统总体性能最优化"的原则，符合人的生理心理特点，有利于操作者安全、高效、舒适。人机操控设备应能支持单屏、双屏等多种显示配置方式。可配备 VR 眼镜、体感手套、权限腕带智能可穿戴配件，具备"影音环境–语音激励""拟态环境–行为激励"等自然高效的人机交互方式。

同时，注重人机交互界面的设计，实现身管兵器操控一键式操作，完成任务准备、目标探测、目标跟踪和射击实施等自动化任务。通过对流程信息进行软件封装，将大量人工处理的任务转化为软件流程，在乘员操作极简化基础上，通过全自动操控，使流程执行时间极短化，如集结地准备流程，通过一键操控可快速完成检测设备信息、装定身管兵器信息、快速补充弹药等操作，在射击阵地准备时通过一键操控可快速完成目标位置装定、弹道解算、调炮参数修正及火炮瞄准等，提高反应速度并不是通过削减身管兵器操作必要时间来实现的，而是通过自动化流程去除重复无用操作及减少不必要等待，实现操作反应极快化。人机交互采用分布式处理框架和图元化设计理念，通过数据字典与信息一体机进行数据交换和信息共享，使用 OpenGL 作为图像处理引擎，应用支撑层部署了构件化加载运行、分布式数据字典等软件平台功能。显控应用的开发能够最大限度地借用现有资源来整合，既增强了系统的可靠性和维护性，又大大提升系统开发效率、缩短研制周期。

5. 指挥控制技术

身管兵器指挥控制系统向通用化、空地协同一体化、体系化、无人化、智能化、国产化等方向发展。

新技术的产生，必然会充分地运用于军事领域，从而导致军事领域作战方式的变革。云计算技术是网络深化发展的产物，体现了通过信息网络实时访问非本地大规模数据处理、存储和信息服务等方面的能力。利用云计算技术组建陆军分布式通用地面站的核心、区域和边缘节点，支持海量情报数据的收集、分析与应用，开发网络服务中心和通用情报处理系统，持续增强信息服务能力。美军针对指挥官在数据背景下，准确发展首要环节，选择行动方案的需求，研制智能化作战决策支持系统，提高"从数据到决策"能力。云计算、大数据、人工智能等新技术应用与研究促使指挥控制向体系化、多域作战更进一步。

以"网络"为中心，将侦察探测系统、指挥控制系统和武器平台火力控制系统通过网络通信链路进行无缝连接，实现车内车际信息统一交换、平台资源信息共享，构建协同作战能力的信息化火力控制与指挥体系。各部队和各参战单元根据网络化力战体系实时掌握战场态势、分享作战信息、制定战斗方案和实施火力打击，完成从"发现目标"到"打击目标"的火力控制与指挥任务。

立足通用化、国产化，对现役主战平台进行持续、局部、深度的信息化改造仍是陆战装备指挥控制系统的主要发展方向，应在现役主战平台的基础上，通过整合、升级改造部分信息化设备来完成陆战装备的整体作战能力、自主可控能力的提升。

6. 电气控制技术

随着技术的进步，电气化的发展水平直接影响到装备的质量，因此不断促进电气控制技术的应用与发展是装备研发的重任。

1）电气控制智能化。网络、计算机等科技的飞速发展促进了人工智能的进步，以神经网络、模糊逻辑等人工智能化技术为核心的先进科学技术在电气系统中得到了广泛的应用。就目前而言，神经网络是非线性的一种映射，是专门针对线性问题中求解难或无法列出方程等问题进行解决的关键性技术，可以针对故障进行全面分析与排查，并且有效地找出故障并解决。电气工程技术中其他人工智能技术也具有十分重要的作用，每一项技术都有其优势和特点，有效融合这些智能技术，并将其应用于电气控制技术中，才能更好地解决系统中的实际问题。

2）电气控制网络化。当前是互联网信息化时代，电气控制技术也随着互联网的发展进步迅速，新的电气控制技术不仅要能防止事故的发生，还要对故障进行及时切除，数据通信功能要足够强大，从而确保系统的稳定和安全。电气控制技术实现网络化能更好地满足装备发展的实际需求，运用网络化技术对各装置进行保护，不仅能更加精准地判断出故障的位置、性质、距离，还能得到更多有效的信息，提升电气保护装置的安全性和可靠性。电气控制保护装置实现网络化后，能有效将传统集中式的母线保护转变为由不同母线保护的各单元，并能通过网络上报集中显示，达到对电气控制装置保护的目的。

3）电气控制开放化。随着嵌入式技术的不断创新和迅猛发展，有效促进了电气控制系统在硬件和软件技术上的发展，其开放性也越来越强。在新电气控制技术作用下，各软硬件系统的设计在灵活性、快捷性、可靠性、性价比等方面都得到了很大提高，为其应用发展提供了更多保障。在电气控制方面，随着系统硬件技术的不断更新，电气控制技术不断升级。电气控制技术进入网络化能为其发展和设计提供更多创新的机会，特别是网络模块分布式的发展为电气控制技术提供了更好的联系和通信方式，极大地增强了电气控制技术的稳定性、安全性、便捷性，以及装置的整体性和局部性的协调统一。在未来的发展中，电气控制系统的稳定性和可靠性将会进一步提升，从而对电气控制装置的整体性能产生重要影响。可以预见，电气控制系统将会朝着开放式的方向发展。

4）电气控制安全性。电子控制技术融合了多项先进的科学技术，比如控制技术、网络技术、电子技术等。这些技术在身管兵器领域的运用十分普遍，因而确保电子控制技术在运用中的安全性便显得尤为重要。在未来，相关技术人员在进行电子控制技术升级的过程中要充分考虑到安全性的要求，必须确保电子控制技术能够安全运行。此外，加大电气控制技术人员综合素质培养力度，应开展更多的专业培训活动，不断加大电气控制技术人员综合素质培养力度，注重先进的电气控制硬件材料使用，丰富设备技术规范内容，并选用性能可靠的电气设备，确保电气控制系统应用的可靠性与安全性。

7. 仿真训练技术

近年来，世界范围内的新军事变革风起云涌，战争形态发生了一系列深刻变化，传统的军事训练模式面临挑战，各个发达国家军队纷纷对军事训练的方法与手段作出改革与调整，特别是在基地化、模拟化、对抗化和信息化战争训练方法上不断改革创新，模拟训练加快从单装训练模拟器向模拟训练系统，由单纯的操作技能训练向联合对抗转变，由单兵种模拟训练到多军兵种合成作战对抗模拟训练转变。

硬件和软件的开发标准趋于统一规范。美军目前软硬件研制的重点包括：开发可移植、便于升级换代和系统互通的硬件系统，走"一型多变"的发展道路；制定统一的软件标准，建立各战区和热点地区的数据库，以适应大规模跨地区联合作战的需要，并降低科研和生产成本，减轻战时保障压力；并逐步使其形成系列，易于推广和适应野战环境的需要。

模拟训练方式由集中式向分布交互式发展。集中式模拟是将整个模拟系统集中在一个或几个相邻的建筑物内，通过统一管理方式进行模拟。部队要使用这些设备进行模拟训练时，需要长途跋涉到模拟训练中心参加训练。为尽可能减少部队调动和降低训练费用，美军采用了分布交互式模拟训练方式，即通过信息网络把分布在各地的部队与模拟设备连接起来，从而可以达到模拟器材共用的目的。这样不仅提高了模拟设备的利用率，也给部队提供了更多的训练条件和机会。美军计划，今后要适当增购高技术模拟训练设备，进一步扩大分布交互式模拟训练网络。

模拟内容从单项向协同作战向联合作战发展。模拟训练器材绝大部分只具备单一功能。射击模拟训练器、飞机和车辆驾驶模拟训练器等都是专用的模拟训练器材。单兵和部队在训练中使用这些器材无法连贯模拟战术动作，自然也就更难满足部队训练和联合作战训练的需要。为此，美军将多种模拟系统连接到一起，成为具有多种训练功能的母系统。这样，不仅能使整个乘员组、参谋组或支援保障分队在一起合练，而且驻地分散的分队也可以同时进行模拟演练，甚至陆海空三军也能在一起进行联合作战模拟演习。美军研制的"分布式交互模拟系统"可使参加演习的各军种部队进行协同演练，并能同外军部队进行协同演练。

（二）身管兵器综合信息管理技术发展对策

1. 加强顶层设计，优化信息系统体系架构

信息化条件下局部战争日益呈现时间短、快速多变、作战维度广、战场信息量大等特征，对武器系统在信息实时处理能力上的要求不断提高。各武器平台利用"资源池"实现跨平台式的实时预警、信息融合、指挥控制、目标识别、协同跟踪、协同打击等功能，打破原有火力单元与探测单元、信息处理单元、执行单元"硬连接"的设计思想，通过资源整合，将其充分解耦，实现"软连接"，使武器系统具有良好的"柔性"和扩展性，提升系统的信息交换能力、信息处理能力和协同作战能力。

2. 建立高度综合化的综合信息管理系统，注重硬件模块化、软件构件化技术发展

身管兵器综合电子信息系统正在向硬件通用化、模块化，软件构件化的方向发展，必须建立标准及规范的通用综合电子信息系统架构，以硬件标准模块为基础，通过软件实现系统功能，且软件应当是模块式、可移植、可复用的，使系统在减少物理设备形态的同时提高系统的功能综合化程度。通过系统重构和容错能力提高，使系统的任务可靠性成倍提升，大大降低未来身管兵器全寿命周期成本，提升其作战性能。

3. 加强人机交互设计，实现智能人机交互

从人机交互技术的发展来看，人与机器（计算机）是两个相对独立、具有智能的认知系统，人与机器的关系既不是完全的控制，也不仅仅是监控，而是相互交互信息，协同完成任务。传统的鼠标、键盘等交互方式已经不能满足新型、高效、便捷的人机交互需求，人与系统的自然高效互动、用户意图的准确理解等都有待解决。构建基于语音、手势、眼动等的多通道人机交互模型和实现机制，实现智能身管兵器人机多通道信息融合，结合基于模型及知识图谱的用户意图预测方法，建立操作者行为层意图和身管兵器控制任务层意图预测模型，实现对用户意图的主动预测并作出决策，实现主动响应式人机交互。

4. 重视智能化技术应用，给身管兵器赋能

重视神经网络、深度学习等智能化技术的应用，通过智能化辅助手段实现更快的行动、更密切的协同、更精准的打击，在侦控打评保全流程实现智能辅助，具备作战任务理解与规划、目标自动识别、目标自动排序、火力智能分配、模块化编组和多目标协同打击等功能，提高感知、决策、打击效率和作战效能。同时，采用人工智能技术实现对自身状态信息的有效监控，全寿命周期的健康管理，提高任务完成的可靠性。

5. 提升武器系统组网通信及平台内部通信传输能力

未来信息化战场下，数据是灵魂，满足大数据信息传输、利用是未来武器装备发展需要。采用宽带、自组织网络波形，构建分布式、基于多跳可达的交互网络，实现"一点发现，全网皆知"的情报共享能力；网内各作战单元可实现"随遇入网"。

五、结束语

自开展身管兵器综合信息管理技术研究以来，实现了在身管兵器装备应用的从无到有的跨越式发展，积累了从系统总体到单个核心技术的自主研发能力，形成了一系列装备信息化产品，通过应用有效提升了身管兵器数字化、信息化能力，为建设我国第一支数字化部队奠定了坚实的技术基础。虽然与国外技术发展相比，我们在整体技术水平上还存在一定差距，但在部分单项技术方面已经达到国际领先水平，并具有一定的自主创新性。随着现代信息技术和民用领域相关技术推广应用，必将推动身管兵器综合电子信息系统快速发展。

参考文献

[1] 童志鹏，等. 综合电子信息系统（第二版）[M]. 北京：国防工业出版社，2008.

[2] 李燕安. 装甲车辆综合电子技术综述 [J]. 国防技术基础，2009（12）：44-46.

[3] 韩崇伟，张志鹏，等. 现代火炮模块化综合电子系统 [M]. 北京：兵器工业出版社，2018.

[4] 李魁武. 现代自行高炮武器系统总体技术 [M]. 北京：国防工业出版社，2012.

[5] 蒲小勃. 现代航空电子系统与综合 [M]. 北京：航空工业出版社，2013.

[6] 刘克俭，张景思，等. 美国未来作战系统 [M]. 北京：解放军出版社，2006.

[7] 李旭，孟晨，王成，等. 基于 CAN 总线的自行火炮测试和故障诊断方法 [J]. 装甲兵工程学院学报，2018，32（03）：65-71.

[8] 胡良明，徐诚，李万平. 基于案例推理的自行火炮故障诊断专家系统 [J]. 火炮发射与控制学报，2006（02）：55-59.

[9] 顾震宇，巫亚强，李红丽，等. 基于 FlexRay 总线的火炮随动节点设计 [J]. 火炮发射与控制学报，2012（01）：56-59.

[10] 祖先锋. 船载炮火炮测控系统的研究 [D]. 长沙：中国人民解放军国防科学技术大学，2002.

[11] 胡文斌，尹晓峰，哈进兵，等. 全数字火炮指挥供电系统的研究 [J]. 兵工学报，2008（04）：478-482.

[12] 徐志祥，陈栋良. 强随机干扰下多门火炮的协同控制 [J]. 中国电子科学研究院学报，2011，6（02）：181-184.

[13] 干金杰，陈龙森. 基于故障树的火炮协调器机电液系统故障分析 [J]. 兵工自动化，2021（06）：11-14.

[14] 雷凌毅，张毅，李瓘. 某自行火炮模拟训练器随动系统 [J]. 兵工自动化，2017，36（11）：19-22.

[15] 周清，马玉磊，赵辰. 面向路上分队战术的多人多模态人机交互 [J]. 指挥控制与仿真，2021，43（01）：24-29.

身管兵器运载平台技术发展研究

一、引言

身管兵器运载平台技术是研究身管兵器与运载平台适配性的综合技术，其功用是为身管兵器提供运输和装载平台，实现身管兵器战术机动性和战役机动性。根据不同的作战空间域，身管兵器运载平台可分为陆基运载平台、空基运载平台、海基运载平台、特种运载平台等。陆基运载平台包括履带式、轮式、车载式及牵引式等车辆平台；空基运载平台包括武装直升机、运输机、无人机等；海基运载平台包括各种军舰等；特种运载平台主要涉及天基卫星平台、水下运载平台等。

近年来，在军事需求牵引和现代科学技术发展的推动下，身管兵器已经发展成为集火力、信息、控制、动力、防护等多种特性于一体的武器系统，广泛装备于陆、海、空各军兵种，相应的也促进了身管兵器运载平台技术的迅猛发展，对军事理论和身管兵器未来发展产生了深远影响。

我国身管兵器运载平台技术经过多年努力，技术水平有了大幅度提升，运载平台与身管兵器一体化集成技术、运载平台与身管兵器模块化组合技术等已迈入自主研发阶段，部分技术方面已经初步具备创新引领优势，但整体技术能力与国外先进水平还存在一定差距。为此，我们必须总结技术成果，分析发展趋势及方向，加速自主创新，突破关键技术，才能提高身管兵器运载平台技术水平，加速武器装备更新换代，缩短差距，实现自主、快速、可持续发展。

本报告综述了我国身管兵器在陆基平台运载技术、空基平台运载技术、海基平台运载技术等方面的重要技术进展，对比分析了国内外研究进展情况，并展望分析了我国身管兵器运载平台技术领域的发展趋势与对策。

二、国内的研究发展现状

（一）身管兵器陆基运载平台技术

1. 系列化、一体化集成技术

随着信息化程度的不断提高，身管兵器装备功能齐全、性能优良，是多学科、多产品组成的综合体。为满足作战使用要求，在运载平台上需要综合集成身管兵器火力发射、目标搜索和跟踪、综合信息管理、火力控制、导航、通信、随动和供配电等功能，需在有限的空间紧凑布置大量机械电子设备，系统配置复杂。同时，又要满足运输状态下的重量、外廓尺寸等相关要求，使得身管兵器总体集成和轻量化设计技术成为关键。

身管兵器与运载平台一体化集成也包括对于信息感知技术的集成，其中包括雷达、激光、电视、红外等多种手段，人员、飞机、装甲目标、固定目标等多目标信息感知及目标速度、位置、形状等多信息的获取，都需要通过信息感知集成来实现。目前，信息融合的原始数据采集工具主要为各类传感器，包括声、光、力、红外、可见光以及雷达传感器。将各种传感器进行合理部署组成传感器网络可以获取比单一传感器更丰富、更准确的目标信息，这些信息可以为信息融合过程提供重要的数据保障。信息感知集成是信息融合技术的前提与基础。

目前我国在小口径身管兵器运载平台上已经实现信息感知的多手段集成，小口径高炮等身管兵器系统上实现了多种信息感知技术的集成，并采用信息处理融合技术提高了作战效能。但对于大口径、大威力身管兵器，运载平台的信息感知还需要外部或上级的信息传达和指示，正在发展的嵌入式低成本多源感知集成技术是提升运载平台综合能力的主要发展方向。

2. 基于运载平台的行进间发射动力学技术

在身管兵器的几种典型运载平台中，坦克炮的履带式运载平台、自行高炮的轮式和履带式运载平台等均对行进间射击有较强的军事需求。

在陆基运载平台中，坦克炮的作战场景决定了具备动对静、动对动行进间高精度射击能力是其最重要的性能，坦克行进间发射动力学是在火炮发射动力学、车辆地面力学、非线性振动理论、多体系统理论以及现代数值计算方法等多学科基础上，研究坦克在行进间射击时的受载和运动规律的综合学科。通过车辆行驶稳定性控制和火力发射稳定性控制技术的研究，已经能够实现坦克炮高速行进间的精确火力打击。

坦克炮和自行高炮的行进间发射技术已经建立了行进间发射的数学和物理模型，通过计算得到武器系统的动力学数据，分析在路面不平整度以及射击载荷作用输入下的动力学响应，主要是能够对弹丸出炮口瞬间的角位移、角速度等动力学参量，以及车体和炮塔在射击冲击作用下的振动响应等数据进行详细分析，为提高火炮行进间的射击精度、射击线稳定和随动控制提供了理论依据。

3. 人机环技术

人机环技术是研究乘员、车辆、作战环境三者之间的相互影响、相互作用的综合性技术，其研究的核心是解决"为人使用而设计"的问题。它以系统中的"乘员"为着眼点，通过对其生理、心理、感知、认知等方面的特性研究，提出乘员舱布局、人机界面设计、人机功能分配、人机交互、个体防护、环境控制等相关设计要求与评价指标，优化乘员、车辆、作战环境三要素的关系，达到系统性能的最佳匹配。

我国身管兵器以往引进装备研制思想的影响，往往只强调武器的作战效能和作战指标，而对身管兵器的人机环设计没有给予足够的重视，导致第一代身管兵器装备的人机环均较差，对乘载员的健康及作业能力产生不利影响，降低了部队的整体战斗力。在主战坦克、履带式弹炮结合武器、大口径自行火炮等装备研制中，明确提出了人机工程总体设计要求，从人机工效、舱室环境、空间尺寸和人机界面、生物效应试验、生命保障系统等方面进行了测试、分析与评价，并开展了减振降噪、虚拟仿真、乘员信息负荷、乘员视觉轨迹、供氧装置、车载空调、加热装置等研究。通过这些规范化的研究，使身管兵器舱室设计更加有利于乘员操控能力的提升。针对信息化条件下的身管兵器研制，在人机环总体理论体系的指导下，采取以人为中心、人机一体化设计的技术路线，使人、机组成的一个有机协同的系统，各自执行自己最擅长的工作，实现身管兵器人机界面的人机工效学设计，以此来增强乘员的操控能力，提高了身管兵器的作战效能。

4. 地面无人平台技术

我国的无人作战装备体系主要集中于无人作战平台的研究，目前该领域相关研究相对活跃，相继实现多项关键技术突破，部分产品已经问世。但真正投入大规模应用的还不多。面向地面无人平台应用重点开展了行走驱动与控制、自主环境感知与决策规划、无人任务载荷匹配、远程人机交互、集群协同行为控制等关键技术研究，构建了多型演示系统。此外地面无人平台还在积极探索各类创新构型的平台技术，包括多栖行走技术、新型能源与动力技术、仿生行走技术等，推动了无人平台的多样化和多功能化发展。

（二）身管兵器空基运载平台技术

1. 总体集成技术

空基武装直升机平台相对其他平台起飞载荷有限，这对身管兵器即航炮系统有较为苛刻的技术要求，不仅要求航炮射速可调、弹药威力要大且能毁伤不同的目标，而且对航炮系统的重量、后坐阻力、可靠性和适装性等有着较高的要求。射击精度高也是直升机航炮的重要指标，与常规的固定翼飞机航炮以及地面火炮系统技术上有着较大的差异和区别，要求更高，技术难度更大。武装直升机平台主要通过与机载信息、航炮火力、专用弹药等融合和匹配，实现高度集成，以提高航炮系统的发射性能和射击精度，提升武装直升机航炮系统的作战效能。目前我国已经实现链式航炮与武装直升机平台的高度集成，跻身世界先进行列。

空基战斗机平台与身管兵器集成早期主要是航炮系统在空战中发挥了重要作用。近几年，空基运输机平台与多型身管兵器集成技术发展成熟，正在推动机载火炮多任务载荷系统集成的积极发展。

2. 面向空基运载平台的身管兵器高精度射击技术

基于空基运载平台的航炮、大口径机炮等武器系统，对振动和射击精度控制、平台与武器匹配优化等技术提出了很高的要求。

大口径机炮主要用于执行对地持续火力支援任务，其对地面典型目标的打击精度及毁伤效果是其核心作战能力的直接表现。火炮运载平台从地面车辆底盘到固定翼飞机，研究了平台振动特性、运动姿态、射击模式、火控架构等方面的主要变化，基于飞机平台分析了火炮对地面典型目标的打击精度及毁伤效果。研究了基于空间平台射击的火炮射击精度控制、火炮射击线稳定、机载火炮火控解算、火炮射击效能评估等技术研究，分析了地面模拟边界条件与实际飞行条件的差异，通过相关的空基平台的武器系统优化与集成技术对集成设计和验证技术进行迭代与更新。

航炮集机械化、信息化、自动化为一体，通过航炮支架和直升机平台结合，构成可遥控的自动连射火炮。在直升机悬停、平飞或俯冲等条件下，航炮连续发射产生高温、高压、高速及强冲击使航炮和平台产生强烈的平移、跳动和转动；直升机空中运动（振动）又对航炮射击姿态构成一系列牵连影响，因此航炮连射过程中射击姿态动态变化呈现特有的瞬态性、随机性和复杂性。经典火炮设计理论已无法解决上述复杂现象所涉及的科学问题，我国已经面向武装直升机平台实现航炮配装，正在开展航炮射击控制方面的基础研究。

3. 无人机平台技术

目前，世界军事强国都在将军用无人机平台技术作为今后战略发展的重要目标，我国无人机技术发展迅速，已经达到世界先进水平。

目前发展的大多数军用无人机由于其自身高过载特点，挂载武器主要为对地导弹、炸弹等，身管兵器与无人机集成的无人机载火炮概念研究成为目前的新热点，正在开展巡飞枪、巡飞炮等研究工作。

（三）身管兵器海基运载平台技术

1. 模块化总体集成适配技术

舰炮采用模块化设计，不同功能模块可以根据技术的发展和需求的变动进行组装，实现多种作战目标和任务。模块化技术具有故障定位快、模块更换迅速、可维修性好等优点，可以显著提高舰炮的兼容性和作战效率。在中大口径舰炮研制中，采用模块化结构和全新的材料，突破了整体式自动弹药库、装填路径引信感应装定、装药自动处理等关键，能够实现全自动作战。

2. 舰船发射平台海浪波动载荷分析技术

身管兵器在海上射击时会受到来自舰载平台摇摆的影响。舰载平台的姿态变化是由于海浪冲击引起，经过舰体传递到发射装置。由于海浪载荷属于周期性的随机载荷，不同载荷体现在发射装置摇摆的角度和周期的变化。在考虑舰载平台扰动影响的基础上，进行了发射动力学计算、稳定控制系统参数匹配等工作技术研究，为舰炮动态射击精度提升奠定了基础。

根据舰船排水量和允许射击海况建立了舰载平台的摇摆周期和频率分析方法，能够根据需求模拟舰船纵摇和横摇的周期和幅值随着行驶状态和海况的变化规律。分析表明舰艇在水面上受风浪等影响而产生的横摇、纵摇、艏摇、纵荡、横荡、垂荡等运动中，横摇和纵摇对舰艇的影响最大。而其中的横摇、纵摇和垂荡可以认为是完全振荡运动，对舰载武器发射精度影响较大，是当前舰炮射击精度控制研究的重点方向。

3. 无人舰艇平台技术

目前我国正在积极构建新一代海上无人作战体系，未来该体系将由无人机、无人艇、无人车、无人潜航器、多态指控终端组成，能与卫星、飞艇、反无人机系统等其他无人力量和有人装备系统协同作战。我国已成功开发小型多用途无人作战艇，具有侦察、打击、反潜和通信中继等功能，目前正处于验证测试机开发应用阶段。

三、国内外发展对比分析

进入 21 世纪，美国等西方国家军事装备发展开始从"基于威胁"向"基于能力"转型，加快现役装备改进和新型武器系统研制的步伐。新型身管兵器运载技术广泛采用当代最先进技术，战术技术性能和信息化水平得到显著提高。与国外相比，我国在一些技术的发展上面，还存在一定差距。

（一）身管兵器陆基运载平台技术

1. 系列化、一体化集成技术

在身管兵器发射技术不断进步的基础上，与运载平台技术、自动化技术、信息化技术等多项技术相融合，开展运载平台与身管兵器的一体化集成设计，将上装布局上的特殊需求贯彻到运载平台架体改造、总成布置、外观造型等设计过程，主要包括确定身管兵器总体模式，综合集成发射、装填、控制、导航、通信等技术，确定身管兵器总体参数、接口及各分系统技术措施，合理分配技术指标等。在此基础上研制了各型轮式、履带式、车载式、轻型牵引式等多种陆基平台的身管兵器装备，基本形成了我军具有机械化、信息化特征的身管兵器装备，且正朝着新一代模块化、智能化特征方向发展。如大口径火炮以 155mm 口径榴弹炮为主要发展方向，主要在提高火炮射程、射速、自动化能力、信息化水平基础上，发展 155mm 超轻型火炮、155mm 车载自行火炮、155mm 轮式自行火炮、155mm 舰炮等，完善配套装备体系方面开展了系列化研究。

西方国家身管兵器经过长期发展，已经形成了跨国界、专业化、标准化的产品配套体系，能够支撑新概念装备的创新发展。新概念兵器的研制，往往是基于多国各专业生产商的产品和技术，专业产品生产商也能够配合新的需求提出切实可行的解决方案。因此，国外的集成设计技术创新性较强，更加注重小型化、紧凑化和一体化设计，工程研制阶段的技术风险也比较小。国内身管兵器集成设计创新性、专业分工化、协作配套化等方面尚不完善，新装备的集成设计与部件选型制约因素较多。系统总体和运载平台研制的一体化考虑不充分，导致身管兵器在运载平台与火力、弹道、弹药等的兼容性、适配性方面不好，仍有较大发展空间。

2.高精度行进间发射动力学优化技术

国外开展身管兵器行进间射击技术研究较早并取得一系列成果，针对防空高炮，研制了改进型弹炮一体防空系统，主要由控制模块、集成有炮塔的武器模块和动力模块组成，既可固定位置发射又可行进间发射，系统反应时间快，可自动选择武器型号和射击模式，是身管兵器行进间发射技术应用的代表性装备。美国轻型装甲车防空系统（LAV-AD）中，稳定系统作为标准装备配用，配用该稳定系统，LAV-AD 系统能在行进间与目标交战；美国/法国"火焰"弹炮结合防空武器系统在崎岖不平地域及车体以 50km/h 速度行驶时的跟踪和射击能力已经演示验证；波兰"劳拉"-G 新型履带式自行高炮系统的 3D 搜索雷达在车体行进时可以工作，在每秒更新一次数据的情况下，保证精确地捕获目标和识别敌友，同时配有车体倾斜补偿装置，可在行进中开火作战。

针对战车炮的行进间射击，美国的 M2"布雷德利"步兵战车的稳定设备安装了四个陀螺，除了摇架上的两个高低和方位陀螺之外，分别还在炮塔和车体上各安装了一个陀螺仪，用以测量炮塔在俯仰面上的颠簸速率和车体与炮塔间的相对扭转，以这两个陀螺信号是作为前馈信号以提高稳定精度，通过高精度的射击线稳定系统和观瞄设备实现了行进间的高命中率。迄今，M2 步兵战车生产了 4000 辆，其稳定技术不断改进，其后期生产的车辆还增装了测量倾斜的第五个陀螺，使稳定由二自由度提升到三自由度，大大提高系统命中率。

我国火炮行进间射击动力学方面的研究较为分散，在单项理论和技术研究方面已取得一定进展，但总体理论与实验研究方面与国外存在较大差距。国内对于行进间射击精度的研究主要采用仿真与试验结合的方法，在坦克火炮稳定系统研究中，针对坦克火炮稳定器的特点，分析研究了控制算法和软件结构，并进行了计算机仿真和样机验证。

纵观国内研究状况，研究方法基本是采用多体动力学理论，建立身管兵器行进车体姿态和全炮振动响应分析以及对火炮射击密集度的影响。对于我国现有的自行高炮，在崎岖的路面上，无论是履带式还是轮式，行进间射击线因地形的变化或火炮射击时的冲击所造成的稳定精度下降导致对目标毁歼概率较低，同时轻型的高机动陆基平台也会带来火炮射击时扰动较大导致射击精度下降。在现有技术水平下，自行高炮主要作战方式为停止间射击方式，行进间射击的精度较差，不能完全满足武器系统行进间作战要求，为此进行了自行高炮行进间射击线稳定技术研究，以适应自行高炮武器系统行进间作战的需要。

从国内外自行高炮行进间射击技术的发展状态可以看出，以美国、俄罗斯、德国、瑞士等为代表的西方先进国家非常重视自行火炮行进间射击相关的基础理论和关键技术研究，并在武器装备中得到了工程应用，而在我国，这方面的工作主要集中在相关单项技术研究，无论在技术集成，还是在工程应用方面，与国外先进水平都有较大的差距。

3. 人机环技术

为改善身管兵器的人机环境，国外人机环技术研究将重点放在操控的智能化及方便性，乘员的舒适性以及安全性等方面。借助于信息技术，将系统的健康状态监测和故障诊断的过程自动化，显著减少了乘员面板的仪表、指示灯及开关数量。自动控制技术以及信息化技术的运用，降低了乘员的工作强度。功能性内衬（衬层）材料的应用，既阻止了太阳辐射温度向装备内的传递，又保护乘员和设备免遭地雷、炮弹作用于装甲时产生的金属破片的伤害。乘员防冲击座椅可以减少地雷 / 简易爆炸物的危害。美英为首的欧美国家的装甲车辆舱室内 A 计权（A-Weighted）噪声可以达到 90dB 左右，美国主动降噪技术已在装甲兵器上进行应用，先进两栖攻击车辆（Advanced Amphibious Assault Vehicle，AAAV）已经安装主动降噪系统。

国外人机工效仿真与评价技术方面也取得了重大进展，由英国开发的 SAMMIE 系统、加拿大开发的 SAFEWORK 和波音公司的 Boeman 软件等，已经投入实际应用。这些软件采用人体运动模型，并且建立了生成各种常见姿态和完成特定任务姿态的姿态库，可以完成姿态舒适性评估、运动和姿态匹配性检查、可视域和控制器可达性判定。

目前我国的身管兵器在微环境总体设计方面，均配备抽风机和集体式半自动"三防"装置，部分配有供氧装置、空调装置等，舱室空气监测与净化技术也已取得突破性进展。在一些新研制的型号装备中，驾驶舱开始采用隔舱式设计，并增加了防碎片衬层和缓冲击减振系统。在减振降噪技术方面，开展了装甲车辆舱室噪声源识别与测试和噪声控制的部分研究，利用声学仿真设计和结构优化设计方法，大幅度降低了舱室噪声。针对身管兵器整车的主动噪声控制研究也取得一些进展，三维封闭空间智能结构主动降噪系统和主动控制消声器等项目已经完成了实车试验。同国外相比，国内产品研制更重视产品功能、性能的实现，对人机功效、乘员的舒适度、产品内饰及外观设计重视不够，这一点和国外先进国家尚有明显差距。

4. 地面无人平台技术

近年来，地面无人平台在世界范围内全面发展，已成为推进装备技术变革的重要方向，地面无人平台与身管兵器的集成也成为无人平台武器化的主要途径，国外地面无人作战平台典型的主要有美国军用地面无人平台"剑"、英国"黑骑士"无人地面车和俄罗斯"平台-M"机器人等。

军用地面无人平台"剑"是以 Talon 魔爪机器人作为底盘，并且加装了武器作战系统，武器系统的光瞄系统主要由四台摄像机、夜视传感器组成，能装备 5.56mm 口径的 M249 机枪，或是 7.62mm 口径的 M240 机枪，有效控制距离可以达到 1km。无人平台以及直流电池为动力源，远程控制终端可以同时实现遥控武器站和平台本体控制。

"黑骑士"履带式无人车辆由 BAE 系统公司、卡内基梅隆大学机器人研究中心等研究而成，与以往只承受辅助性任务、仍需人类干预遂行任务的无人平台不同，它拥有 20mm 速射火力系统、全地形通过能力、全频谱感知器组、完善的战术数据链以及先进的人工智能指挥系统，已初步达到堪比有人战车的作战能力。

俄罗斯"平台-M"是一种最新式机器人作战系统，其设计目的是与敌人进行非接触性战斗，该系统为多用途作战单元，既能充当侦察兵，也能作为巡逻兵保护重要设施。凭借其武器装备可用于火力支援，其武器制导系统可自动运行，无需人工操作。"平台-M"虽然体形小，但威力强大，装有榴弹发射器和机枪系统。

（二）身管兵器空基运载平台技术

1. 总体集成技术

国外最典型的空基武装直升机平台为美国"阿帕奇"AH-64E 型武装直升机、法国"虎"式直升机、俄罗斯米-28N、卡-50 和卡-52 武装直升机等，其配装身管兵器，要求集成的身管兵器射速高、质量小、后坐阻力小，与直升机应有很好的集成适装性。目前，我国的武装直升机集成有 23L 型航炮和 23-2S 型航炮等，在对地作战和自卫作战以及护航等方面发挥了重要的作用，同时开展了 30mm 航炮武器的集成技术研究和试验验证，直升机在航炮武器综合性能仍有较大差距。

空基固定翼飞机平台国外最典型的主要有美国 AC-130 炮艇机、俄罗斯安-12 炮艇机等，主要是在运输机侧面集成了 30mm 机关炮、105mm 加农炮等身管兵器，用于对地攻击。目前，我国固定翼飞机与多型身管兵器集成的空中机炮技术逐步发展成熟，在作战装备的工程研制和试验检验方面尚存在差距。

2. 空基平台身管兵器的高精度射击与系统动力学优化技术

国外非常重视航炮发射动力学和射击精度理论及试验研究，并建立了航炮动态设计理论和方法。美国研究了不同随机因素对火炮振动与精度的影响规律，并对随机射击载荷和外部振动对武器系统响应的影响规律进行了验证。

在武装直升机航炮的研究方面，美国针对"阿帕奇"AH64E 武装直升机 M230 航炮及"眼镜蛇"系列 M197 型航炮等装备的高精度发射开展了深入研究，从弹药、航炮和武装直升机一体化的思路来研究和提高射击精度，通过对理论模型进行大量的试验验证，解决了航炮高精度发射与控制的基础科学问题，建立了误差参数的分布特点以及与航炮射击精度之间映射关系，揭示了影响航炮射击精度的机理性问题。

美国对基于 M230 型 30mm 航炮与"阿帕奇"AH–64A 机体结构，考虑航炮机构与炮架界面滑动部件之间间隙非线性以及航炮射击过程中滑动部件的相关摩擦力，应用 MSC/NASTRAN 编制了有限元分析程序，进行了航炮与机体结构耦合系统振动、载荷预测和系统动力学特性研究，开展了系统模态及灵敏度分析、机体和航炮结构频率特性与匹配性研究。

依托其强大的制空能力，美军使用炮艇机对敌地面目标进行攻击，并不断升级 AC–130 空中炮艇机，成功地发展了系列型号。目前，美国还在运用新技术和武器不断改进。

我国在空基平台的身管兵器发射与控制技术研究起步较晚，近年来开始对航炮射击过程中炮口振动响应机理、武装直升机机体结构动态响应规律、航炮发射动力学、火炮射击线稳定控制以及火炮随机动力学等方面展开了一系列的理论与试验研究。

从国外的研究现状与发展趋势来看，国外在空基平台身管兵器射击精度研究较为深入，已经建立了支撑射击精度的基础理论。国内在射击精度理论、实验研究以及基础数据积累及挖掘等方面存在较大的差距。

3. 无人机平台技术

无人机搭载身管兵器的技术研究尚未形成较为完善的研究体系，搭载的武器重点关注符合无人机自身的特点，在体积、重量适中的情况下实现一定的作战性能。当前，无人机能够执行的主要作战任务是对地攻击，对应的武器类型主要是空地导弹、制导炸弹等，由于身管兵器有一定的后坐阻力和适配性要求，目前各国均在尝试将小口径身管兵器和无坐力发射武器集成在无人机上，身管兵器在无人机平台上的优势尚未充分体现。

我国无人机载火炮概念成为新热点，先后提出巡飞枪、巡飞炮等概念，持续开展装备创新概念探索和关键技术攻关研究，技术发展处于国际先进行列。

（三）身管兵器海基运载平台技术

1. 模块化总体集成适配技术

模块化总体集成促进了舰载武器的创新发展，俄罗斯"嘎什坦"系统采用了模块化总体结构设计，组成包括指挥单元和战斗单元两大部分。根据海基运载平台的排水量和作战任务的不同，指挥单元和战斗单元可灵活地组成多种配置形式。对于防空反导任务较重的大、中型水面舰艇可配备多个指挥单元，每个指挥单元控制 1 ~ 6 个战斗单元；对小型水面舰艇，可以只配置一个指挥单元控制 1 ~ 2 个战斗单元。美国"密集阵"系统采用搜索雷达、跟踪雷达和火炮三位一体结构，搜索雷达、跟踪雷达和火炮等都以模块形式装配在炮架上，其他炮位控制台与遥控台均设在海基运载平台上。

我国身管兵器与海基平台的总体集成适配技术，经历了系统化的发展历程，与国际先进水平的差距不断缩小，主要战技性能也已达到了世界先进水平，作战能力在不断提高，但距离综合作战能力提升方面还有较大发展空间。

2. 无人舰艇平台技术

近年来，无人舰艇在自主侦察、监视、猎雷、靶船等方面的功能性能优势日渐显现，使得世界各国海军越来越重视无人海上平台的发展，国外海军目前已生产或研发了部分无人水面舰艇，其中"斯巴达人"无人水面艇是美国海军用来验证其在水雷战、兵力保护、精确打击及多无人水面艇的指挥控制中的作战使用。当前，美海军颇为重视大型无人舰艇在未来作战中的运用，并将夺取水面和水下绝对优势作为作战能力建设的重点。根据美国最新发布的《海军大型无人水面艇和无人潜航器》报告，把发展大型化、综合型、多任务作战能力的无人舰艇作为装备创新的重点方向之一，同时为此制定了持续部署力、自主航行和精确导航、指挥控制和通信、任务载荷和传感器、平台综合集成等多项关键技术。

和国外相比，我国基于无人舰艇平台的身管兵器也在同步发展，小型多用途无人作战艇、无人破障艇等正在加紧测试验证，同时加紧追赶大型无人舰艇的研发。

四、发展趋势与对策

（一）身管兵器陆基运载平台技术

面对未来全域机动作战的要求和身管兵器多功能、智能化、无人化的发展方向，陆基运载平台重视提高跨域机动能力，实现陆地高机动、两栖、空中快速投送等能力，为身管兵器火力快速部署提供平台支持。陆基运载平台应与身管兵器一体化集成发展，提高信息化、智能化融合水平，实现单平台多用能力。

要加强陆基无人运载平台与身管兵器的集成顶层规划研究和设计，充分论证地面无人平台发展路线图，梳理关键技术体系；同时加强关键产业链建设和原创性无人平台设计，推动身管兵器向无人化、智能化方向加速发展。

在陆基平台的发射动力学方面，应重视开展射击载荷与平台结构动力学匹配问题、动对动行进间射击高精度控制技术、高射速武器系统的连发射击精度控制与平台参数匹配技术等方面的研究，为陆基运载平台技术的创新发展奠定基础。

（二）身管兵器空基运载平台技术

应加强空基运载平台与身管兵器的耦合机理理论研究，获得空基运载平台与身管兵器的相互作用关系及理论，通过匹配设计达到较好的适装性。加强空基运载平台与身管兵器、弹药一体化的设计理论与方法研究，摸清空基身管兵器对空、对地攻击任务的毁伤机理，用于指导工程设计。

在空基运载平台与身管兵器的动力学匹配、射击精度控制方面，应加强弹炮相容性研究、面向高精度射击的动力学匹配研究、高精度实时控制理论与工程应用研究、大口径空中火力的安全适配性研究等。

（三）身管兵器海基运载平台技术

应从海基平台的功能集成、结构集成等角度探索身管兵器弹药一体化顶层设计，突破模块化总体适配技术，确定舰炮总体技术方案。加强不同口径舰炮对应海基平台的接口技术、自顶向下的模块化虚拟设计技术、模块化多方案优选与综合评价技术研究。

积极发展海基无人平台并积极研究海基无人平台与身管兵器的适配集成，从系统工程角度，体系化思考无人舰船平台特点，强化系统安全性、稳定性、可靠性顶层设计，并借鉴民用智能船舶、无人驾驶汽车发展经验，稳妥推进技术开发工作。

参考文献

[1] 毛保全，王国辉，丁烨，等. 车载武器建模与仿真［M］. 北京：国防工业出版社，2011.

[2] 芮筱亭，刘怡昕，于海龙. 坦克自行火炮发射动力学［M］. 北京：科学出版社，2011.

[3] 汪国胜，肖洁，赵韬硕，等. 坦克底盘角振动对火炮射击精度影响机理研究［J］. 火力与指挥控制，2016（03）：39-42.

[4] 汪国胜，药凌宇，魏来生，等. 某型坦克底盘线振动对行进间射击精度影响机理研究［J］. 兵工学报，2016（03）：541-546.

[5] 刘飞飞，芮筱亭，于海龙，等. 考虑身管柔性的坦克行进间发射动力学研究［J］. 振动与冲击，2016（02）：58-63+96.

[6] 邱晓波，窦丽华，单东升. 机动条件下坦克行进间射击解命中问题分析［J］. 兵工学报，2010（01）：1-6.

[7] 周长军，肖慧鑫，吴小役，等. 直升机航炮对地面有生力量毁伤的数学模型探讨与修正［J］. 火炮发射与控制学报，2018（04）：70-74.

[8] 余驰，张钢峰，杨超. 航炮射击炮振响应抑制特性分析［J］. 兵工自动化，2019（04）：20-23+48.

[9] 刘巍. 武装直升机与航炮动力学研究［D］. 南京：南京理工大学，2009.

[10] 谢润，杨国来. 自行高炮行进间射击炮口响应特性研究［J］. 兵工学报，2014（08）：1158-1163.

[11] 卢发兴，贾正荣，吴玲. 舰炮初速对命中点预测误差影响分析［J］. 海军工程大学学报，2016（S1）：21-25.

[12] 于存贵，李文兵. 膛压作用下舰炮身管固液耦合瞬态响应分析［J］. 南京理工大学学报，2012（02）：212-215.

[13] 胡胜海，郭彬，邓坤秀，等. 含非线性接触碰撞的大口径舰炮弹链柔性铰多体模型［J］. 哈尔滨工程大学学报，2011（09）：1217-1222.

[14] 郑鹏，张相炎，郑建国，等. 基于虚拟样机技术的某舰炮自动机动力学仿真［J］. 火炮发射与控制学报，2011（02）：56-58+70.

[15] 程晗，陈维义，刘国强，等. 舰炮武器系统射击精度仿真模型可信度分析［J］. 火炮发射与控制学报，2019（02）：6-10.

身管兵器新概念发射技术发展研究

一、引言

军事需求和科技进步是支撑身管兵器持续创新的主要动力。不断追求的身管兵器远射程、大威力、高效精准毁伤，为传统身管兵器的持续进步注入了新活力。同时，传统身管兵器发射技术因受火药气体分子量较大影响，使弹丸初速难以突破2000m/s的限制，由此诞生了在实现高初速、远射程、大威力、高效精准毁伤方面具有很强技术优势和潜力的电磁发射技术、电热化学发射技术、燃烧轻气发射技术、纯电热发射技术等身管兵器新概念发射技术。几十年的研究结果表明，这些新概念发射技术的研究成为牵引变革传统身管兵器发射原理与发射能源等方面的重要研究领域和方向。因此，作为能够改变未来战争模式与作战效果，大幅度提高综合作战效能的身管兵器新概念发射技术，受到世界各国的重视和支持，历经数年的研究和发展取得了重要研究成果和显著进步。

（一）电磁发射技术

电磁发射技术通过将电磁能转换为发射载荷所需的瞬时动能，可以在短距离内将克级到几十吨级的负载加速至高速和超高速，突破传统火炮发射方式的速度和能量极限，是继机械能发射、化学能发射之后的一次发射方式的革命。电磁炮是利用电磁发射技术制成的新概念动能武器系统，已成为美国、英国、德国、法国、俄罗斯等军事大国竞相研究的对象。电磁发射技术的主要优势有以下几点。

1）电磁炮发射的弹丸初速极高，甚至可以超过第一宇宙速度，因此，弹丸具有巨大的动能，增强了对目标的毁伤能力，也增加了对快速移动目标打击的有效性和命中率。

2）电磁炮弹丸的动能由放电电流决定，其初速和射程可通过计算机连续精确调控，顺应了信息化战争对装备智能化的要求，满足投送准时快速、威力连续可控、射程任意可调的火力打击需要。

3）电磁炮在加速弹丸过程中受力均匀，便于装载精确制导系统，同时在隐蔽性、携弹量以及制造成本上有较大优势。

电磁炮作为陆基战术武器，用于反装甲和防空，可以击毁目前所有现役坦克的装甲防护体系，能够打击多种战术导弹，击穿或击爆高速大壁厚空袭制导弹药，可以弥补当前小口径高炮、便携式防空导弹等传统末端防空武器的不足，填补火力拦截能力的空白；作为舰载武器，可提高舰炮射程，对低空突防的飞机和掠海导弹进行拦截；部署于天基，可用于摧毁敌方低轨卫星与弹道导弹等。

电磁炮根据结构的不同，主要分为轨道炮、线圈炮两种。其中，电磁轨道炮发射装置通常由两条平行的长直轨道和两轨间的电枢（弹丸）组成。当电源接通两轨时，电流由一根轨道流入，经电枢由另一根轨道流回，两导轨平面间产生强磁场，通电弹丸在安培力的作用下沿轨道向前加速运动，最终实现超高速发射。

电磁线圈炮是电磁炮的最早形式，其发射装置主要由驱动线圈和电枢两部分构成。当驱动线圈通入脉冲或交变电流时，炮管内部产生变化的磁场，电枢在变化的磁场中产生感应电流或者由外部通入电流，电枢在洛伦兹力的作用下加速前进。

电磁炮技术以电气工程、兵器科学与技术为基础，将新型材料、能量存储与转换、强电流开关、电磁感应与兼容、电热效应、经典力学、控制与系统集成、高电压绝缘等众多技术和原理集于一体。目前电磁炮走向工程实用阶段还需要突破多项关键技术难点，主要包括发射装置技术、电源技术、制导弹药抗过载技术、作战平台集成技术等。

（二）电热化学发射技术

电热化学炮技术的基本原理是利用脉冲电源释放电能，激发取代常规发射点传火系统的等离子体发生器产生高温等离子体，对固体发射装药实施有效点火并改善其燃烧特性，以实现火炮初速、射程、射击精度及命中率等方面性能的显著提高，进而推动火炮武器系统作战性能进一步提高。

与基于火药点火燃烧的常规发射技术相比，电热化学发射技术的主要特点为：一是增加了脉冲能源系统（功率范围可达 $100 \sim 500MW$），增强了不同环境温度下，火炮发射过程弹道性能的调控性；二是采用等离子体发生器取代了基于底火、点传火管及点火药包等形式的常规发射点传火系统，在脉冲电源放电高电压（$5 \sim 10kV$）、强电流（$10 \sim 100kA$）作用激励下，等离子体发生器产生高温（$5000 \sim 10000K$）高渗透性等离子体，与高装填密度固体发射装药相互作用，大幅度改善了常规发射固体装药的点火一致性、安全性及燃烧可控性，可使火炮初速、射程、射击精度及命中率获得显著提高和改善。当前，已揭示的电热化学发射技术主要先进性表现在以下几个方面。

1）可实现火力系统精确打击。高能等离子体较常规点火方式更易实现火炮弹道过程中点火的瞬时性、同时性和一致性。国外电热化学发射等离子体点火与常规点火对比实验表明，电热化学等离子体点火方式使膛压曲线重复性较常规点火提高近 70 倍，国内也得到了相应验证。

2）可消除发射装药对环境温度的敏感性影响。电热化学发射技术系统利用外置脉冲电源放电的可调节性，能够对处于不同初始温度的发射装药，调节放电电压和脉宽控制电能释放功率，使等离子体发生器产生不同能级的高温等离子体，调控固体发射装药的点火和燃烧，进而达到对火炮发射过程的控制，即"高温低电能、常温中电能、低温高电能"。

3）适应更高装填密度装药。目前常规点火能实现满意的弹道性能的最高装填密度不大于 $1.1g/cm^3$。而国外利用电热化学等离子体点火方式在 120mm 口径电热化学炮上仅用 75～250kJ 电能，在装填密度 $1.2g/cm^3$ 条件下，分别采用固体密实与固液混合装药，获得了满意的弹道性能，最大膛压控制在 600MPa 以内，炮口动能提高 30% 以上。

4）膛内燃烧过程的可调节性。德国在 120mm 坦克炮上实现炮口动能提高 40% 左右；美国在 120mm 坦克炮上炮口动能达到 17MJ。实验表明，炮口动能提高的关键在于电能输入对火药燃速能够起到调控和增强作用，进而对高能高装填密度发射装药燃烧做功实现控制。

5）具有提高压制火炮同时弹着目标能力。电热化学发射技术应用于火炮，通过电能调节，影响发射药燃速，进而改变火炮初速，为实现和提高火炮同时弹着能力提供了更大可能。

6）与现有常规火炮具有良好的继承性和通用性。与传统火炮相比，仅有两方面不同，一是增加了脉冲电源电能设备；二是等离子体发生器取代了常规点传火系统。火炮药室结构、身管结构、驻退机及其他结构未发生根本性变化，只是在设计上满足电热化学炮技术要求即可。

总之，针对新一代火炮在射程、精度、威力等方面的新要求，电热化学发射技术利用电能与化学能相互结合与优化匹配，能够达到提高火炮初速与炮口动能，实现火炮高低温弹道性能温度补偿与弹道一致性，提高火炮射击精度与命中率等研究目的，深入开展电热化学发射技术研究，对于进一步提高火炮综合性能具有重要的军事意义。

（三）燃烧轻气发射技术

燃烧轻气发射技术基本原理是利用低分子量的低温氢气和低温氧气及氦气等按一定比例配比混合，经专用点火系统可靠点燃而燃烧，形成的高温高压混合气体推动弹丸沿身管加速运动，直至飞出炮口。由于燃烧室形成的混合轻质燃气，气体分子量小、声惯性小、声速高，当身管足够长时，弹丸可实现超高初速发射。

燃烧轻气发射技术优势主要体现在以下几点。

1）可实现火炮高初速、远射程。燃烧轻气发射技术利用气体分子量与滞止声速成反比的特性，采用氢气作为可燃工质，氧气作为氧化剂，按照过量氢气和氧气配比的方式，燃烧生成低分子量的混合气体来推进弹丸，理论初速可达 6km/s 以上。

2）较大范围实现火炮初速可调可控。燃烧轻气发射技术使用气体代替传统发射药，由于气体加注易于精确控制，可以根据需要实现较大范围内自动调节气体加入量，进而可以实现弹丸初速可调可控。

3）身管内膛烧蚀小。燃烧轻气发射技术身管燃烧室温度一般最高不超过 2500K，远低于高性能固体发射药燃烧后 3000K 以上的温度。因此，该发射技术对身管内膛的烧蚀较小。

4）做功工质制备简单，环保清洁。燃烧轻气发射技术气体（氢气和氧气）的制备比固体发射药简单，且工业基础好，为部队后勤保障带来方便。燃烧最终产物为水，清洁无污染。

与常规发射技术相比，燃烧轻气发射技术优势在于发射小质量弹丸（几十克到几百克）时，由于其自身的气体摩尔分子量比火药气体小十多倍，相应的声惯性质量小，确保了高速运动的小质量弹丸的持续加速，进而能够突破常规发射技术最高初速 2km/s 的限制，获得 3～10km/s 的高初速。该发射技术用于太空反导与地面低空防御，能够大幅度提高火炮射程和扩大防空区域，有效应对高马赫数运动载体；用于地面和海上远程压制，可以使弹丸初速由 1000m/s 提高到 1500m/s 以上，甚至到 2000m/s 以上。因此，开展燃烧轻气发射技术研究，对于大幅提升我军现代高科技战争防空及远程火力压制能力具有十分重要的意义。

（四）纯电热发射技术

作为超高速发射技术之一的纯电热发射技术，主要用于发射轻质弹丸（质量为几克、几十克或上百克），形成 1km/s 到 10km/s 以上的弹丸速度，该发射技术可分为纯等离子体炮和电热氢气炮两种发射技术。

纯等离子体炮（又称为直热式电热炮），其基本原理是通过大功率脉冲电源对等离子体发生器实施时序脉冲放电，激发等离子体发生器中的高分子材料在火炮燃烧室内形成高温高压等离子体，推动弹丸沿身管高速运动，直至飞出炮口。主要分为细管侧限放电型电热炮、等离子体药筒型电热炮、等离子体箍缩型电热炮、爆炸导体型电热炮、侧注入等离子体型电热炮等。

电热氢气炮（又称为间热式电热炮）主要原理是利用脉冲电源激发等离子体发生器，使其形成高温等离子体，并加热气体分子量远远低于火药气体分子量并具有一定预压的氢气工质，形成的高温等离子体与高温高压氢气混合工质，推动弹丸运动并获得超高初速。

二、国内的研究发展现状

（一）电磁发射技术发展现状

我国对电磁发射技术的研究工作起步相对较晚，先期主要开展基础原理和实验室性能研究，先后研制了多型实验装置，在实验室条件下实现小质量弹丸的高初发射。

近年来，持续对电磁轨道炮的大功率脉冲电源、金属电枢、轨道烧蚀机理及开关技术方面进行了大量的研究，研制了 2MJ 脉冲电源系统和多种结构金属电枢。同时期也对轨道发射装置、充电系统、轨道寿命等进行了大量实验研究和探索性尝试。多家研究机构联合研制了一套电磁轨道炮发射装置，采用的脉冲电源系统由电容基储能模块构成，设计最大储能为 10MJ，试验验证能量转换效率达到 10% 以上。同时，开展了一种大口径高能级电磁轨道炮的技术研究，进行了电磁轨道炮身管设计的预紧机理分析，并将研究重点从基础研究向工程化探索转移。设计的双匝平面增强型电磁轨道炮，由脉冲动力系统驱动，试验验证能量转换效率为 11.13%。针对工程应用要求，对电磁炮关键部件及炮体结构开展了技术研究，研制了一体化发射装置，构建了相应的集成样机。

电磁线圈炮技术研究也在同步开展，研制的线圈式电磁发射平台，能量转换效率达到 14.5%，大大优化了线圈炮的性能。

针对电磁发射的关键技术研究方面，在储能、电枢、发射装置、超高速弹丸和测试系统等方面也开展了较为深入的研究。研制了离线磁场测试装置，满足了电磁发射制导弹丸离线和重复测试的需要。建立了电磁轨道炮研究多尺度实验平台，形成了基本测试、数字仿真和实际测量三位一体的研究体系和产、学、研融合互补的综合研究体系。

（二）电热化学发射技术发展现状

电热化学发射技术涉及火炮总体技术、火炮结构技术、弹药技术、内弹道及装药技术、脉冲电源技术、等离子体发生器技术等方面的研究。国内在开展电热化学发射技术研究历程中，早期重点对脉冲电源技术、等离子体发生器技术及其内弹道与装药技术开展了深入研究。

在脉冲电源技术方面，基于油浸式电容器，研制了 0.5MJ 脉冲电源；引进了俄罗斯电热氢气炮用脉冲电源技术，建立了以油浸式电容器、真空开关及其触发器为核心部件的 1MJ 脉冲电源；研制了以金属化膜自愈式电容器、球隙空气开关及大功率续流晶体二极管为核心器件的 0.2MJ 移动型脉冲电源、0.5MJ 固定式脉冲电源系统及 0.3MJ 车载式脉冲电源系统。

在发射试验装置和弹道性能研究方面，先后研制了系列不同口径的电热化学发射试验装置。在 120mm 发射试验装置上，验证了等离子体点火内弹道一致性，并实现炮口动能提高 8% 以上；在 100mm 和 105mm 发射试验装置上验证了电热化学炮低温初速补偿性能与电调控增速性能，与常规发射技术相比，实现弹药初速显著提高。

在等离子体发生器技术方面，先后开展了等离子体发生器理论与结构、等离子体发生器性能、等离子体发生器模拟试验、等离子体发生器弹道性能试验及等离子体发生器性能优化等研究，突破了高电压强电流绝缘、耐高温高气压强度、环境高低温适应性、电能转换效率、结构优化及起爆稳定性等关键技术。重点研究的等离子体发生器形式有中心底喷式等离子体发生器、中心沿面式等离子体发生器、中心金属爆炸丝式等离子体发生器等。先后开展了等离子体发生器放电特性、点传火一致性、等离子体温度测试、放电效率性能、发射药燃烧特性、发射装药适配性及内弹道性能等试验。

在内弹道及装药技术研究方面，先后开展了等离子体点火与固体发射药、发射装药相互作用单项试验与模拟试验、常规制式发射装药条件下等离子体点火内弹道性能、常规制式发射装药条件下等离子体点火温度补偿性能及基于新型发射药的装药技术条件下等离子体点火电调控增速与提高炮口动能技术等研究；建立了各式等离子体发生器数学物理模型，开展了等离子体发生器性能优化研究；建立了电热化学炮零维、一维两相流及二维两相流内弹道模型，完成了多种电热化学发射内弹道及装药方案的模拟计算，研究了脉冲电源放电参数、等离子体发生器参数及装药结构参数等，对电热发射膛内压力波的影响，为优化脉冲电源放电控制、等离子体发生器结构参数、装药结构设计，以及研究等离子体增强发射药燃烧效应，开展电热发射试验装置设计和验证电热化学发射技术性能等提供了重要理论支持。

近年来，电热化学发射技术围绕工程化应用，开展了基于聚乙烯（Polyethylene，PE）和环氧等高分子消融材质等离子体发生器点火管、不同爆炸负载（铜膜与金属丝）等离子体发生器等放电特性试验研究，验证了基于 PE 消融材质与铜膜爆炸负载的等离子体发生器放电效率高于基于环氧消融材质与铜膜爆炸负载的等离子体发生器，以及铜膜爆炸负载等离子体发生器放电效率高于金属丝爆炸负载等离子体发生器；开展了电热发射常高低温弹丸初速温度补偿炮性能研究，其试验结果表明：基于环氧消融材质与铜膜爆炸负载的等离子体发生器弹道温度补偿性能优于基于 PE 消融材质与铜膜爆炸负载的等离子体发生器，放电过程电流和电压波形具有平台效应现象。与常规发射相比，实现常温初速增益约为 30m/s；低温初速增益达到 50m/s 以上；基于中心杆式等离子体发生器，开展了多孔粒状药装药结构、序列多孔杆状药与多孔粒状药组合式装药结构等电热化学发射弹道性能试验；开展了炮塔空间、火炮发射过程及机构运动等约束条件下，脉冲电源系统研制，突破了脉冲电源炮塔舱内总体布局、滑动电连接、电源控制信息传输、电源模块化设计等关键技术，实现了电热发射技术与炮塔武器系统的集成，射击试验表明技术基本可行。

在研究能力建设方面，建立了大口径电热化学炮综合模拟试验发射系统、0.6MJ 脉冲电源、便携式多通道光电隔离数据采集系统、高压活塞式压力标定机、高压压力传感器、天幕靶初速测试系统等电热化学发射技术研究条件体系，为系统开展电热化学发射技术工程应用研究提供了重要支持。

（三）燃烧轻气发射技术

国内围绕小口径火炮高初速发射需求，开展了燃烧轻气炮系统技术研究。先后开展了燃烧轻气炮系统技术总体方案论证、内弹道方案仿真分析；完成了低当量低温气源系统方案设计与试制，开展了低温氢气和氧气加注精度控制研究；研制了静态密闭和半密闭低温气体预混点火燃烧试验系统，开展了定容静态密闭与半密闭条件下的低温气体工质加注、点火及燃烧试验，获得了低温预混气体点火与燃烧压力时间曲线；建立了等熵绝热、双区零维及多维多相流燃烧轻气炮内弹道模型，开展了多参数燃烧轻气炮内弹道性能仿真分析。通过研究，掌握了燃烧轻气炮低温气体精确加注及流量控制、低温密封、氢气安全防控及燃烧轻气炮内弹道稳定性控制等关键技术。

除开展了燃烧轻气炮发射技术研究外，国内开展了轻气炮超高速发射技术研究，主要以二级轻气炮为主，其目的主要是研究飞行器气体动力学特性、高速和超高速碰撞终点效应及特种材料在高温碰撞条件下的力学性能等。先后研制了 25mm、30mm、35mm 及 37mm 等多种口径的二级轻气炮实验装置。

（四）纯电热发射技术

国内在纯电热发射技术（即直热式电热炮）方面，重点开展了各类等离子体发生器性能理论仿真与实验研究，包括喷射式毛细管等离子体、金属丝爆炸型毛细管、高分子材料沿面镀膜爆炸型、分段式金属丝爆炸型等类型等离子体发生器。所开展的各项研究重点服务于等离子体与固体发射药相互作用研究，而对于纯电热发射技术研究未见相关报道。

在电热氢气炮发射技术方面，以 12.7mm 口径为目标，对电热氢气发射和电热化学氢气发射技术进行了比较研究，研究表明，在其他条件不变的情况下，电热化学氢气炮能够比电热氢气炮用较小的电能，获得较高的弹丸初速。

三、国内外发展对比分析

（一）电磁发射技术发展对比分析

在电磁发射技术研究方面，美国一直保持国际领先地位，理论研究和工程研制方面不断取得新进展。美国先后研制了多型电磁炮样机，验证了高初速发射技术，使用多种材料替换测试轨道炮寿命，并且进行了累计发射的性能测试试验。美国海军利用电磁轨道炮成功试射的一枚高超声速破炮弹，弹丸射出的动能和理论射程达到极高水平。进一步，美国还启动了采用紧凑型复合身管的高炮口动能电磁轨道炮样机研制工作。

随着美国海军将电磁炮研制重点转为防御性用途，美国先后完成了基于"闪电"电磁炮高超声速弹药的多次试射。试验搭载集成了制导、导航和控制等功能的增强型制导电子单元（Guidance Electronics Unit，GEU），炮口动能为 3MJ，炮弹及 GEU 均承受住了30000g 过载、高超声速和强磁场条件，飞行稳定受控，工作正常。美国海军水面作战中心达尔格伦分部的电磁轨道炮样机在高炮口动能条件下，实现了 10 发/min 的射速。这些表明，美国电磁轨道炮的性能离实战化要求越来越近，制约电磁轨道炮发展的关键技术已取得重大突破。然而，近几年美国的电磁发射技术研究也遭遇困难，近日美国宣布暂时搁置电磁轨道炮的研究工作。

英国电磁发射技术研究目前也处于世界前沿。莱斯特马可尼公司在苏格兰柯尔库布里建造了一座用于电磁轨道炮高速弹道研究的实验装置。英国与美国也在合作共同研制电磁轨道炮，并主要在电源、弹丸技术方面开展研究。在此基础上，英国国防部开展了轻型电磁轨道炮演示样机研制，并开发了多种类型的脱壳穿甲弹。

除了美国、英国，德国、法国、俄罗斯、日本等国也进行了电磁轨道炮实验。建立在法国与德国共同开展防御技术基础之上的法德圣路易斯研究所已完成发射试验。经过多年富有成效的研究，该研究所已经成为继美国之后，在电磁发射领域崛起的重要研究力量，现已能够实现电磁轨道炮的多发快速发射。其开发的一种方形口径的电磁轨道炮，在样机测试中，发射效率达到 22%。此外，法德圣路易斯研究所对发射器口径结构、分布式馈电、金属纤维电枢等关键技术开展了较深入的研究。近年来，俄罗斯的研究重点是电磁发射机理，特别是对等离子电枢型轨道炮进行了深入研究。研发出了大功率磁流体脉冲发电机，从而为电磁轨道炮提供了更大功率的动力源。日本研制了电磁高速发射装置，用于高速碰撞研究。近年来，日本防卫省陆上装备研究所将电磁轨道炮所使用的铜制导轨替换为新型材料制成的导轨，该导轨在电磁发射过程中的烧蚀程度降低到只有铜制导轨的 37%。此外，韩国、澳大利亚、中国、荷兰、以色列、丹麦等国家也都建有电磁炮实验室，从事电磁发射技术的研究工作。

我国在电磁发射技术方面的研究起步较晚，但近年来的相关研究成果颇丰，尤其是电磁轨道发射技术的研究保持着持续增长的势头，在高功率脉冲电源技术及导轨抗烧蚀等关键技术上取得了部分重要突破。但是，与欧美发达国家相比，我国的电磁发射技术研究还存在一定差距。

1）我国电磁发射技术理论研究基础相对比较薄弱。总结各国电磁轨道发射技术研究过程，都是首先进行理论分析、数值仿真和应用技术论证，然后进行试验数据积累、对关键技术问题进行重点突破。相对于国外一些研究机构，我国电磁轨道发射技术理论研究基础比较薄弱，尚未开发出专用仿真工具，针对电磁发射技术的机理仿真研究工作相对滞后。

2）我国电磁发射技术在模块可靠性与系统集成方面依旧存在差距。电磁炮作为新概念动能武器系统，需要集成初级电源、脉冲电源、发射装置、作战平台等多个模块，具备足够的可靠性、稳定性和灵活性。然而目前我国在电磁炮领域的多项技术尚不够成熟，模块可靠性及系统可靠性欠佳，严重制约了电磁炮的系统集成水平和工程化应用进展。

3）我国对电磁发射超高速制导弹药的研究工作亟待增强。目前我国研究的热点主要集中在电磁发射动能弹技术方面，对超高速制导弹药的抗过载和强电磁防护能力研究相对不足。随着电磁发射从无控弹药向有控弹药过渡，电磁炮制导弹药控制技术将逐渐成为瓶颈问题。

（二）电热化学发射技术发展对比分析

1. 国外发展现状

国外电热化学发射技术研究起始于第二次世界大战末期，先后经历了概念研究、基础试验研究、原理试验及工程化应用研究等阶段。美国、法国、德国、以色列、英国、韩国等国积极开展电热化学发射技术研究，在提高弹丸初速、提高发射药点火一致性、抑制发射药初温效应等领域取得了一系列成果。

国外先后研制了不同口径电热化学发射试验装置；开展了中心金属丝爆炸底部喷射式、中心沿面铜膜爆炸式、药室内壁阵列膜片爆炸式、多管爆炸式等不同类型等离子体发生器特性研究，建立了等离子体高分子材料消融与金属化爆炸理论模型，分析了放电参数、消融材料特性及金属化材料与结构参数对形成等离子体数密度、温度、负载特性的影响；开展了等离子体点火对各类发射药燃烧增强效应理论与实验研究，研究了等离子体和发射药间能量传播机理，建立了等离子体鞘／发射药烧蚀耦合模型，计算了 XM39 和 JA2 发射药的对流热通量。

针对多孔粒状药装药结构、序列堆积组合式装药结构、密实装药结构、多层变燃速装药结构等多种复杂装药结构，建立了包括集总参数、一维、二维等内弹道模型及其计算程序，且理论与实验有较好的一致性。

国外先后基于油浸式、金属化膜及新型金属化膜等脉冲型电容器，开展了储能密度低于 $1MJ/m^3$、储能密度在 $1 \sim 2MJ/m^3$ 之间及储能密度高于 $2MJ/m^3$ 以上的电热化学发射技术用脉冲电源系统技术研究。其中，涉及的大功率放电开关由当初的空气球隙开关，历经真空开关发展到大功率半导体开关；初级储能电源系统达到一次充电可确保发射 $20 \sim 30$ 发弹丸。

在上述研究的基础上，利用各类发射试验装置，开展了大量内弹道性能及电热化学炮发射技术集成演示等试验，获得了大幅提高火炮内弹道一致性、弹丸初速及其炮口动能的试验结果，验证了电热化学发射技术应用于自行火炮的可行性。其中，美国先后开展了电热化学发射精确点火技术、弹道性能温度补偿技术、新型低温感发射药装药技术、新型多层变燃速发射药装药技术、底喷型、紧凑型及三轴型等离子体发生器点火技术等研究；开展了电热化学发射提高弹丸初速和炮口动能技术研究；演示了电热化学速射炮系统连发射击可行性；在 35mm 电热化学炮上进行了炮口动能增加的演示试验；在装甲战车底盘上，既成功演示了电热化学发射与常规发射的兼容性，又成功演示了脉冲电源的适装性和安全性；在美军 XM-291 轻型 120mm 火炮上，实现炮口能量接近 17MJ；开展了轮式 120mm 电热化学炮总体技术方案论证。

德国在电热化学炮技术方面，先后开展了底喷式中心管等离子体点火、金属爆炸丝型沟道式等离子体点火、序列堆积装药、脉冲电源、等离子体点火药筒等方面技术研究。

法国以坦克炮为目标进行了电热化学炮推进技术研究，主要研究内容为：通过采用低电能，在不增加最大膛压条件下，改变火药气体压力曲线形状，进而提高火炮性能的可行性研究；内弹道性能改善参数影响研究；开展了电热化学炮炮塔系统集成方案论证等。法国主要研究分为基础研究与实验室试验、内弹道模拟、点火器试验和发射药点火模拟试验、45mm 电热化学炮试验及 120mm 电热化学炮演示试验。

英国主要研究点火及燃烧控制技术，其目的是深入研究能量转换过程，降低军事应用时对所需电能总量的要求。同时，英国还提出"智能炮"（Smart Gun）概念，在电热化学炮发射过程中，对弹丸在膛内的运动和速度进行监测，并预测其出口速度；根据需要，采用二次电热点火技术补偿弹丸初速的负偏移量，以保持初速的一致性，从而达到提高精度的目的。

以色列侧重电热基础技术、电热方法物理过程、电热化学炮输能系统和武器系统设计四个方面开展了研究工作，并与美国合作进行电热化学炮试验研究。其中，试验结果表明，野战条件下电热化学炮性能具有可控、可靠和可重复性，炮口速度一致性高。

2. 国内外发展对比

对比国内外电热化学发射技术研究情况，总体上呈现以下特点。

1）国内外均围绕电热化学发射技术所涉及的脉冲电源、等离子体发生器、发射装药、火炮结构及其测试等技术开展了相关研究，验证了电热化学发射精确点火、内弹道一致性、弹道性能温度补偿、提高弹丸初速和炮口动能等特性。

2）国内外均遵循了从小口径到中口径，再到大口径的研究历程。其中，国外在小口径和大口径电热化学发射试验装置上，实现了 2000m/s 以上高初速发射；国内仅在小口径电热化学发射试验装置上，实现了 2000m/s 以上高初速发射，而在大口径电热化学发射试验装置上，实现了接近 2000m/s 高初速发射。国外在中口径电热化学发射试验装置上，实现 200 发 /min 连发射击，而国内仅实现单发射击试验。

3）国外开展了大口径电热化学炮总体论证与方案设计，在整车集成上，进行了电热发射与常规发射兼容性、脉冲电源安全性与可靠性演示试验，在电热化学发射技术工程应用上，取得重要进展。国内针对电热化学发射技术工程化应用，近年也相应开展了大口径电热化学炮总体论证与设计，进行了单发集成演示射击试验。

4）国外在电热化学发射技术的牵引下，开展了新型低温感发射装药、序列堆积装药、密实装药、多层片状发射装药等技术弹道性能理论与试验研究，大幅提高了弹丸初速和炮口动能。国内先后开展了中心等离子体点火多孔粒状药装药结构与序列组合式装药结构等技术研究，实现了弹丸初速一定程度的提高。同时，与常规发射技术相比，实现了常温和低温条件下，弹丸初速获得 30 ~ 50m/s 的增益效果。

5）国内外均建立了电热化学发射技术相应的脉冲电源、等离子体点火发射药静态燃烧规律试验装置、等离子体点火与发射装药相互作用动态模拟试验装置及不同口径系列电热化学炮发射试验装置，以及相应的脉冲电流与电压、等离子体温度与压力、多通道同步隔离压力测试、弹丸初速等试验条件和测试系统。

国内与国外电热化学发射技术的主要差距表现在如下几个方面。

1）总体技术方面。国外在履带式 120mm 坦克炮整车上，演示了电热化学发射与常规发射兼容性、0.1MJ 脉冲电源适装性与安全发射可靠性，完成了轮式 120mm 坦克炮整车方案论证，以及履带式 120mm 坦克炮炮塔总体论证与设计。国内仅开展了电热化学发射单发集成演示射击试验。

2）脉冲电源技术方面。国外采用新原理、新材料和新工艺等技术，脉冲电容器的贮能密度获得大幅提高，由 $1MJ/m^3$ 提高到 $3MJ/m^3$ 左右，基本适应于武器的工程化研制与应用需求。国内脉冲电容器的贮能密度由 $0.21MJ/m^3$ 提高到 $2MJ/m^3$ 左右，但与国外仍有较大差距；脉冲电源输能方面，借助于脉冲成形网络，使脉冲电源电能释放时序、时间间隔及量级大小得到了有效控制，基本适应电热化学炮研究。此外，在高压开关、快恢复硅堆、高频高压充电器、高压大功率同轴传输线等元器件方面与国外相比也存在一定差距。

3）等离子体发生器技术方面。国外先后开展了底喷式、单一中心点火管式与多根点火管式、沟道金属丝爆炸型、阵列膜片贴壁式等类型等离子体发生器技术研究，并应用于 30mm、70mm、105mm 及 120mm 等口径电热化学发射技术试验装置上，进行了弹道性能试验。国内开展了单一中心点火管多段金属爆炸丝型等离子体发生器和单一中心点火管沿面金属化膜爆炸型等离子体发生器技术研究，并在 76mm、100mm、105mm、120mm 及 125mm 等口径电热化学发射技术试验装置上，进行了弹道性能试验。总体上，针对等离子体发生器抗高电压与高电流绝缘性能、高气压与高气温闭气性能，国内与国外基本相当。只是在等离子体发生器类型和放电效率方面，与国外相比存在一定差距。

4）内弹道与装药结构技术方面。国外无论在小口径，还是中口径，以及大口径等电热化学发射试验装置上，均实现了 2000m/s 以上的高初速。国内仅在小口径电热化学发射试验装置上，实现了 2000m/s 以上的高初速，而在大口径电热化学发射试验装置上，基于弹丸威力，实现了 1900m/s 以上的高初速。国外结合低温感发射装药、密实装药及多层圆片状发射药装药等，开展了电热化学发射弹道性能试验。国内先后开展了多孔粒状药装药结构、序列组合式装药结构等电热化学发射弹道性能试验，国内有待进一步开展低温感发射装药、密实装药及多层圆片状发射药装药等电热化学发射弹道性能试验研究，以达到充分挖掘电热化学发射技术提高弹丸初速的潜力。

5）电热化学炮火炮结构技术方面。国外研制了射速达 200 发 /min 的 60mm 电热化学炮自动炮系统；针对大口径电热化学坦克炮，研制了适应高电压与强电流的专用击发与输电结构；完成了轮式 120mm 电热化学炮与履带式 120mm 电热化学炮炮塔总体布局设计；演示了火炮结构兼容电热发射与常规发射的兼容性。国内开展的各类口径电热化学炮发射试验均为满足单发射击试验要求，火炮结构能够同时适应电热发射和常规发射要求。在工程化应用方面与国外存在较大差距。

6）试验技术方面。国外建立了电热化学发射技术专用实验室和专用试验靶道，系统开展了电热化学发射技术基础试验、综合模拟试验、弹道性能试验、发射过程电磁兼容性测试、集成演示应用试验等工作。国内建立了满足电热化学发射技术弹道性能研究的基础试验、综合模拟试验及弹道性能试验等条件，开展了电热化学发射技术相关试验研究，与国外相比，缺乏集成演示等工程应用方面的试验条件。

（三）燃烧轻气炮发射技术发展对比分析

传统固体发射药火炮受火药组分、爆温和燃烧产物分子量的限制，很难在射程、射速、后勤支援能力等方面有重大突破。而增程制导炮弹理论上能提供远程火力支援，但是发射成本高且弹丸速度低，不能及时为地面部队提供火力支援。为此，美国尤特罗公司（Utron）从火炮发射能源的供给方式上进行革新，提出了燃烧轻气炮概念，可满足海军远程火力支援对成本、射速和射程的需求。

美国开展了燃烧轻气炮技术研究，研制了采用氢 - 氧 - 氦混合气体作为驱动气体的燃烧轻气炮。美国海军研制的 45mm 和 155mm 燃烧轻气炮，利用氢气 - 氧气、甲烷 - 氧气作为反应气体直接推动弹丸发射，完成了高速发射试验验证。通过对反应气体组分、点火方式、燃烧室的压力及温度、弹丸受力状态等进行大量的试验和数值模拟研究，确定了燃烧轻气炮部分系统的优化设计原则。

除燃烧轻气炮发射技术研究外，基于轻气炮可获得超高速的技术特点，世界发达国家先后开展了一、二级轻气炮技术研究。其中，美国、俄罗斯、法国、英国、加拿大、日本等国均建有二级轻气炮实验装置，这些装置主要用于航天飞行器的气动特性试验以及超高速碰撞的试验研究，也用于导弹和炮弹的气动力与稳定性等问题研究。

与国外燃烧轻气炮与二级轻气炮技术研究情况相比，我国还有很大差距，主要表现在以下几个方面。

1）在口径方面，国外燃烧轻气炮实验装置最大口径为 155mm，并开展了大量试验研究，而国内仅针对小口径燃烧轻气炮开展了总体方案论证和燃烧轻气炮单项基础试验研究；国外二级轻气炮实验装置最大口径达到 100mm 以上，而国内最大口径为 37mm，对应的炮口动能差距较大。

2）在试验装置方面，国外建立了 45mm 和 155mm 燃烧轻气炮试验装置及其气源系统，国内仅建立了燃烧轻气炮基础试验装置，尚未建立发射试验装置；二级轻气炮国内外均建立了试验装置及相应实验室。

3）在二级轻气炮实现的最大发射速度方面，国外最大达到 15km/s，国内尚未构建相当水平的试验系统。

4）在研究内容方面，国外不仅研究物体高速运动规律、冲击终点效应等，而且研究用于提高弹药射程及作战效果，而国内仅限于研究物体高速冲击、气体膨胀规律及物态变化等。

（四）纯电热发射技术发展对比分析

美国电热氢气炮研究较早，构建的实验装置可将弹丸加速到 2～5km/s 的速度。俄罗斯在研究常规轻气炮的基础上，利用电能和轻质气体相结合原理，先后研制了多型电热氢气发射装置，进行了大量试验研究。

电热氢气炮与激光、微波及电磁发射等定向能武器相比，技术优点是所需初始电能较小，发射系统结构更为紧凑、简单，便于实现太空运送与布置。它是俄罗斯近年来的研究重点，按原理可分为三种基本形式：一是以火药为动力源的电热氢气炮；二是以高电压强电流放电为动力源，药室内装有一定预压的轻质气体；三是在带轻质气体的药室内注入 300～400μm 的细微陶瓷粒子。

目前，中国工程物理研究院重点围绕模拟超高速物体与静态物体相互作用特征，利用固体发射药作初始发射能源，开展了一级、二级及三级氢气炮发射试验研究。

四、发展趋势与对策

（一）电磁发射技术发展趋势与对策

电磁发射技术是在发射理论和技术发展上的又一次飞跃，它具有发射速度高、能源简易、效率高、性能优良、可控性好和结构多样等普通发射技术不可比拟的优点，是未来发射方式的必然趋势。电磁发射技术的军事应用潜力非常大，在未来武器系统的发展计划中已成为越来越重要的部分。电磁炮作为高速动能新概念武器，将在未来的军事科技竞争中成为抢夺战略制高点的关键。目前，美国处于世界领先水平，所研制的电磁轨道炮已经进入工程化阶段。各军事强国均在竞相开展电磁轨道炮技术研究并不断取得新的进展，在不远的将来电磁轨道炮很有可能走向实用。

当前我国电磁发射技术的发展方向主要有增强型电磁发射装置、工程型电磁发射装置、电磁发射弹药智能化、多武器协同作战体系等。

1. 增强型电磁发射装置

增强型电磁发射装置是电枢加速过程中在轨道上叠加磁场，旨在提高电感梯度，使得轨道在承载同样电流的条件下，电枢获得更大的加速度，是电磁轨道炮的重要发展方向之一。外加磁场的方式有多种，基于效能考虑，各个团队的研究多数集中在多轨的技术方案。试验数据表明，在同样通流条件下，采用增强型轨道可以得到更高的初速，而且能量转换效率也有所提高。这意味着想要得到相同的初速，增强型发射器所需的电流幅值可以远远小于传统型发射器，非常有利于轨道结构和电枢的设计。然而拘于电流跨接和复杂结构，目前多轨增强型发射器通流能力低于传统轨道型发射器，且被加速电枢前端的磁场环境复杂，使得其应用受到一定限制。既要增强磁场提高推力，又要降低磁场对被加速载荷的影响，是增强型电磁发射装置需要进一步深入研究、解决的主要问题。

2. 工程型电磁发射装置

应用背景下的工程型电磁发射装置侧重应用的可靠性、稳定性和灵活性，因此摆脱试验型发射器繁杂的结构，紧凑化、轻量化以及和作战平台的集成是其重要标志。我国的相关团队对工程型发射器的结构与工艺做了积极的探索，积累了大尺寸高强度一体化工程样机的设计经验和加工经验。未来我国电磁轨道炮的研究将主要围绕长寿命轨道、紧凑化电磁发射装置、重复发射条件下的系统热管理、高密度高功率脉冲电源储能、抗高过载超高速弹药、弹药高频连续发射等技术攻关，同时发展中、小口径高射速和大口径远程打击的电磁炮武器系统，实现战术能力的增强，满足不同的作战使用需求。

3. 电磁发射弹药智能化

随着电磁发射技术的快速突破，电磁轨道炮炮口动能由 2.8MJ 增加到 33MJ，并将逐步延展至 64MJ 甚至更高，这意味着电磁炮射平台能够发射的弹药有效载荷更大，也为弹药搭载抗高过载制导组件、实现高精度控制能力创造了基本条件。适应电磁轨道炮发射的精确制导弹药正逐步成为各国争夺的重要战场。瞄准充分发挥电磁发射高初速、强动能的优势，研究重心也必将逐步从无控弹药向具备敏捷快响应、高精度制导、高动能毁伤等能力的一体化制导智能化弹药技术转变，形成对现有武器装备的高效补充。

4. 多武器协同作战体系

未来的作战将是一种体系间的对抗，电磁轨道炮不能作为一个孤立的武器存在于战场上，需要与其他武器装备一起配合共同完成作战任务。电磁轨道炮与现有武器装备相结合，可充分发挥电磁轨道炮在遂行岸防／要地防御、防空、反装甲、远程火力压制、反导、反临近空间飞艇作战平台等军事任务中的巨大优势。电磁弹射技术适用于不同质量和初速的战斗机、无人机弹射需求。火箭炮、导弹等武器应用电磁发射技术，具有提高发射初速和射击精度，有效改善推进效率，减少燃气冲击效应等显著优势。电磁发射技术的拓展应用，将大大提升现有装备武器的作战能力，引领未来装备武器的跨越式发展。

目前电磁发射技术研究正在从理论研究与原理性试验，向实用化技术验证与工程化的实战装备方向高速发展。我国应结合自身国情，以电磁轨道炮为主，科学合理制定电磁炮的发展规划，加强电磁轨道炮基础理论科学和关键技术的研究，为将来电磁轨道炮的实战应用提供技术储备和经验积累。

1）注重理论与试验相结合，科学规划，循序渐进。电磁轨道炮需要解决的重难点包括枢轨间超高速滑动电接触机理、抗烧蚀、抗刨削、防转捩、弹药抗高过载和热管理等。需要坚持理论与试验相结合的研究方法，重视数值模拟仿真研究，重点突破各项关键技术；同时，针对电磁轨道炮系统发展制定科学的顶层规划和循序渐进的研究策略，加大工程试验投资力度，强化各项配套保障措施，提高加工工艺水平。进而逐步提高电磁轨道炮系统发射能力、技术积累，适当提高系统规模。

2）注重发挥我国高体量的优势，各个发展方向齐头并进，实现电磁发射技术跨越式发展。我国体量巨大，电磁领域的研究所和公司数量众多，同时拥有大量的工程技术型人才。各个发展方向齐头并进，多个科研单位相互竞争，更有利于我国在电磁发射技术方面实现"弯道超车"。

3）注重发挥我国的体制优势，集中力量办大事，统筹各军兵种需求，注重组建"国家队"，加强电磁发射技术研究的交流、协作与整合。在欧美发达国家电磁发射技术的发展历程中，都涌现了一些骨干科研机构或公司，这些单位得到了国家的政策支持，并在电磁发射技术研究中发挥了"国家队"的作用。我国也可以在加强竞争的同时，注重组建"国家队"，扶持骨干科研机构；同时通过项目协作、学术会议等多种形式，加强各科研单位的交流；统筹各军兵种需求，集中优势资源攻克核心关键技术并推广应用，提高电磁炮走向武器化、工程化的效率。

（二）电热化学发射技术发展趋势与对策

电热化学发射技术研究在国内已开展二十余年计划研究，在脉冲电源、等离子体发生器、新型发射药及其装药、新型火炮结构等技术方面，取得明显进步，验证了电热化学发射技术精确点火、内弹道一致性、提高弹丸初速、获得常低温弹丸初速较大增益、适应新型高能量密度装药等技术优势，突破了电热化学发射脉冲电源控制、等离子体发生器高效率、新型高能量密度装药、高功率炮尾输电等关键技术。为了进一步挖掘电热化学发射技术潜力，可在以下几点加以关注。

1）开展大口径电热化学发射炮总体技术论证与设计，仿真分析系统可行性。

2）开展同轴全绝缘等离子体发生器研制，演示验证电热化学发射过程全系统绝缘性能可靠性。

3）适应电热化学发射与常规发射的火炮结构论证与设计。

4）以实现炮口初速增加与初速调控为目标，开展电热化学发射新型低温感发射装药、密实装药及多层圆片状发射药装药等技术研究。

5）以电热化学炮武器系统布局为约束，开展脉冲电源小型化模块化结构技术研究。

6）开展电热化学炮发射集成技术研究，在自行武器上综合演示电热化学炮技术优势与特点。

（三）燃烧轻气发射技术发展趋势与对策

从国外研究情况看，国外既开展了中小口径燃烧轻气炮发射技术研究，也集中力量开展了大口径燃烧轻气炮发射技术研究，其研究目的是利用中小口径燃烧轻气炮发射技术超高速能力，进一步增强中小口径火炮防空能力；二是利用大口径燃烧轻气炮发射技术，进一步提高大口径舰炮和地面压制火炮远程精确压制能力，同时发挥舰炮海上氢气和氧气直接制备而无需携带大量固体发射装药优势；三是利用燃烧轻气炮发射技术燃烧温度低有利于提高身管寿命；四是燃烧轻气炮发射技术可通过精确控制氢气与氧气配比加注，进而实现弹丸初速自动调节，达到弹丸射程覆盖要求。

针对上述国外燃烧轻气炮发射技术研究情况和燃烧轻气炮发射技术优势，建议国内开展该领域研究应关注如下几点。

1）加强燃烧轻气炮发射技术顶层规划设计，按小口径、中口径、大口径步骤，分阶段开展燃烧轻气炮发射技术研究。

2）系统开展燃烧轻气炮发射技术超高速防空和远程压制总体方案论证，科学分析和统筹谋划并制定关键技术攻关路线图，降低研制技术风险。

3）加强燃烧轻气炮发射技术超高速发射和远程发射火炮、弹药及其气源等系统一体化论证与设计，为关键技术攻关研究和室内外试验条件建设提供重要依据。

4）在充分论证的基础上，充分利用现有室内外条件，构建燃烧轻气炮发射技术专用基础实验室、专用室外试验设施及专用气源系统，加快燃烧轻气炮发射技术研究，缩短与国外差距，形成更多自有技术。

5）燃烧轻气炮发射技术涉及氢气与氧气及氦气等气体制备、低温储存、精确加注，低温混合气体点火与燃烧控制，低温结构密封与高压高温环境闭气，超高速弹丸结构设计，连发高速发射，自动供输弹等专业性很强的领域，技术难度大，研究方案复杂，创新性强，需配备构建相应的研究团队方能确保该项研究工作持续取得重要进展。

（四）纯电热发射技术发展趋势与对策

按照分类，直热式电热炮发射技术可分为细管侧限放电型电热炮、等离子体药筒型电热炮、等离子体箍缩型电热炮、爆炸导体型电热炮、侧注入等离子体型电热炮，以及电热氢气炮发射技术等，尽管种类繁多，但是深入研究相对较少。

国内外则将重点放在开展间热式电热化学炮发射技术研究，先后开展了电热液体发射药火炮发射技术与电热固体发射药火炮发射技术研究，实现了电热化学炮发射技术提高弹丸初速和炮口动能、弹道过程一致性、弹道性能温度补偿性能及精确点火等特性，当前已进入工程应用研究阶段。进一步等离子体发射技术（直热式电热炮发射技术）可结合电热化学炮发射技术开展相应研究工作；电热氢气炮发射技术结合燃烧轻气炮发射技术开展研究。

五、结束语

在身管兵器新概念发射技术领域，国内数十家单位历经数十年发展研究，突破了几十项甚至上百项关键技术，在所涉及的多个专业领域，取得了显著进步和成绩，荣获了多项研究成果，缩短了与国外技术差距，推动了新概念发射技术在我国的快速发展。随着未来各种先进军事威胁目标的不断涌现和科学技术持续进步，新概念发射技术必将为我军赢得未来战争主动权发挥重要作用。当前我国身管兵器新概念发射技术发展研究参差不齐，系统性不强，在今后的发展和研究中，亟须加强顶层战略规划和总体论证，以确保我国身管兵器新概念发射技术持续健康发展，早日列装部队，形成新的新质战斗力。

参考文献

［1］ 马伟明，鲁军勇. 电磁发射技术［J］. 国防科技大学学报，2016，38（06）：1-5.

［2］ 苏子舟，张涛，张博. 欧洲电磁发射技术发展概述［J］. 飞航导弹，2016（09）：80-85.

［3］ 雷雨. 火箭电磁线圈弹射器的分析与设计［D］. 南京：南京理工大学硕士学位论文，2011.

［4］ 胡玉伟. 电磁轨道炮仿真及性能优化研究［D］. 哈尔滨：哈尔滨工业大学，2014.

［5］ 杨鑫，林志凯，龙志强. 电磁轨道炮及其脉冲电源技术的研究进展［J］. 国防科技，2016，37（03）：28-32.

［6］ 张明安，李兵，狄加伟. 电热化学炮发射原理［M］. 北京：兵器工业出版社，2015.

［7］ UTRON, Inc.Combustion Light Gas Gun Technology Demonstration［R］. ADA46213130，2007.

［8］ 王莹，肖峰. 电炮原理［M］. 北京：国防工业出版社，1995.

［9］ Zhang T, Guo W, Lin F, et al. Design and Testing of 15-Stage Synchronous Induction Coil launcher［J］. IEEE Transactions on Plasma Science，2015，41（05）：1089-1093.

［10］ 张亚洲. 脉冲功率开关在电磁轨道炮电容储能电源中的应用与实验研究［D］. 南京：南京理工大学，2017.

［11］ 苏子舟，国伟，张博，等. 美国电磁轨道发射技术概述［J］. 飞航导弹，2018（02）：7-10.

［12］ 李阳，秦涛，朱捷，等. 电磁轨道炮发展趋势及其关键控制技术［J］. 现代防御技术，2019，47（04）：19-23.

［13］ 李军，严萍，袁伟群. 电磁轨道炮发射技术的发展与现状［J］. 高电压技术，2014，40（04）：1052-1064.

［14］ 李森亮. 多极矩重接式电磁发射模式研究［D］. 成都：西南交通大学，2017.

［15］ 金涌. 电热等离子体对固体火药的辐射点火及燃烧特性研究［D］. 南京：南京理工大学，2014.

［16］ 倪琰杰. 电热化学炮电增强燃烧理论与实验研究［D］. 南京：南京理工大学，2018.

［17］ 李化，王文娟，李智威，等. 2.7MJ/m³ 高储能密度脉冲电容器的研制［J］. 高压电器，2016，52（03）：69-73+80.

［18］ 李兵，张明安，狄加伟，等. 电热化学炮温度补偿与低温感装药技术之前景［R］. 坦克装甲车辆火力系统装备与技术发展论文集，2014.

［19］ 张强. 秀出自主国防意识，韩多款自研武器亮相首尔航展［J］. 科技日报，2019-10-29（006）.

［20］ 张明安，曹晖，狄加伟，等. 电热化学炮应用于自行火炮关键技术分析［R］. 坦克装甲车辆火力系统装备与技术发展论文集，2014.

［21］ 张明安，刘千里，赵娜，等. 电热炮、电磁炮及常规发射技术发展之思考［R］. 坦克装甲车辆火力系统装备与技术发展论文集，2014.

［22］ 吴孝波. 电热等离子体发生器结构性能研究［D］. 南京：南京理工大学，2013.

［23］ 张亚舟. 脉冲功率开关在电磁轨道炮电容储能电源中的应用与实验研究［D］. 南京：南京理工大学，2017.

［24］ 于子平，张相炎. 新概念火炮［M］. 北京：国防工业出版社，2012.

［25］ 程佳兵，康小录，杭观荣，等. 高电压霍尔推力器技术发展展望［R］. 中国航天第三专业信息网第三十七届技术交流会暨第一届空天动力联合会议论文集，2016.

［26］ 全勇. 电磁线圈炮速度优化研究［D］. 哈尔滨：哈尔滨工业大学，2016.

身管兵器材料与制造技术发展研究

一、引言

身管兵器材料与制造技术近几年取得了较大的进步，在身管兵器材料应用技术、先进制造技术和先进工艺技术方面的发展，推动了装备性能的提升。新型炮钢材料的发展，为我国低成本高性能身管材料提供了更多的选择。新型高强度轻质材料的应用，高强度钛合金、铝合金和镁合金等材料，对装备的轻量化提供了基础支撑，提升了装备作战时的战场适应性。高强度缠绕碳纤维材料技术的进步，为其在身管兵器装备的应用奠定了基础，并且也在逐步地扩大应用范围和深度。

在炮钢材料及其工艺方面，国外不断尝试不同成分体系高强度钢在身管上的应用研究。美国用高合金钢制造了 120mm 加农炮管 3m 长炮口段，制成壁较薄的外套管，以减轻火炮端口重量；还开发了两种强度级别的炮钢，用来减轻火炮重量并提高身管性能。我国近年创造性地提出了新的炮钢材料设计理论，对原有炮钢成分做了大幅调整，并建立了一整套新的工艺方法，使炮钢研究取得突破性进展，性能达到了国际领先水平。在复合材料身管技术方面，研究主要集中在陶瓷衬管制造技术、纤维缠绕复合炮管、高熔点金属材料衬管几个方面。美国预测使用陶瓷内衬炮管可能使炮管寿命提高 50%，炮管单位长度的质量降低 5%~25%，直接火力的炮口动能增加 20%，并采用不同工艺制造了陶瓷基纤维缠绕陶瓷内衬复合炮管以及钢内衬/复合材料（碳纤维、玻璃纤维）炮管。我国也开展了陶瓷衬管和纤维缠绕的相关研究。

在身管加工制造技术方面，国外高膛压坦克炮身管机械加工多采用高精度数控设备。德国"豹2"坦克 120mm 坦克炮，采用精密加工和校正技术，成品身管弯曲度小于 0.1mm。我国近年也逐步采用旋转精锻、旋转热处理设备进行身管高精度加工校正。在身管内膛涂覆理论与工艺技术方面，国外广泛采用镀铬工艺，美国在完成炮管磁控溅射沉积镀钽的研究后，在华特弗利特兵工厂建设大口径炮管全长全腔溅射镀钽试生产平台，预计将使大口径火炮镀钽身管的抗烧蚀寿命提高到镀铬身管的 8 倍。我国采用最新的爆炸焊接、磁控溅射等技术也为高性能条件下的身管兵器制造与工艺的绿色发展奠定了坚实的技术基础。此外，复合材料理论与技术、轻质合金冶炼技术、零应力加工焊接技术、应力消除技术、超声调制技术的发展，也为下一代先进材料的制造、应用提供了技术储备。

二、国内的研究发展现状

（一）身管兵器新材料应用技术

1. 新型炮钢材料应用技术

近几年，国内针对高强度、高耐磨、抗疲劳的新型炮钢材料进行了系统研究。枪炮身管系列新材料研制与应用，成功解决了多种口径自动步枪、大口径重机枪及小口径速射火炮的寿命提升难题，在多个装备上成功应用。长寿命枪管新材料，无论自动步枪，还是重机枪，新材料身管实弹考核寿命均提高至现用身管材料的两倍以上，解决长达几十年瓶颈寿命难题，特别是热枪精度高，为提高部队实战中的持续火力强度提供了基础支撑。

小口径火炮身管新材料，重点针对小口径速射火炮应用环境开展材料研制与应用研究，新身管材料经全寿命实弹考核验证，将寿命提高至现用材料的两倍以上，验证考核表明，新材料身管对初速、精度影响小，持久射击后内膛状态完好。

大口径火炮身管新材料，针对大口径火炮身管工况与新要求，已开展了系统性的专项研究，从设计、制造、加工、工艺、维护等方面全链条攻关，且取得阶段性进展。

2. 高强度轻质金属材料应用技术

高强韧钛合金方面，主要研制了超高强韧钛合金、超高强中韧钛合金和高强损伤容限钛合金。超高强韧钛合金方面，完成样件试制，并进行了中试验证和相应的应用研究，达到工程化应用水平；高强损伤容限钛合金方面，研制出 Ti-5321 合金，经合金成分设计、实验室研究、铸锭中试扩大研究，制备的合金棒材性能达到卓越性能。

新型钛合金材料研制方面，新研制的主要合金有高温钛合金 Ti-60、Ti-65、Ti-650，高强高韧损伤容限钛合金 TC21，具有我国特色的中强高韧损伤容限钛合金 TC4-DT，阻燃钛合金 Ti-40，低温钛合金 CT20，超高强韧钛合金 Ti-1300，高强钛合金 Ti-26，低成本钛合金 Ti-12LC，乏燃料后处理工程用特种耐蚀钛合金 Ti-35，船用钛合金 Ti-70 等，其中 TC21、TC4-DT 已工业化大批量生产，Ti-70、CT20 已工业化生产。

在身管兵器领域，围绕材料的高性能和低成本问题，在 Ti-12LC、Ti-8LC 和 Ti-0.8Al-1.2Fe 等低成本钛合金的基础上，开发出 M36 合金，已经用于多功能战斗部的制备。围绕返回料的回收利用问题，开发出 Ti-6432、RT154 等低成本钛合金，正在进行相关应用性能考核。设计开发出可冷轧中高强钛合金，基于该合金开发出大规格薄壁管及达到欧盟标准要求的高疲劳寿命车架。火炮炮弹用钛合金轻质弹体结构已完成设计开发，通过了发射性能试验验证，为提升火炮弹药性能奠定了基础。

目前钛合金材料在身管兵器应用的方向主要集中以下几个方面。火炮结构包括：身管、尾喷管、发射管、迫炮击针、炮身、座板、上架、大架、摇架、协调器、弹舱、减速箱、炮塔、输弹机等；枪械结构包括：击针、卡榫、扳柄、顶头、连接座体、枪尾、脚架套箍、浮动座体、枪管、狙击步枪脚架、消音器、枪挂榴弹发射器、匕首、三脚架杆、机匣、提把、准星、准星座等。其中钛合金在低膛压滑膛炮中应用较为成熟，并在装备性能提升方面取得明显效果。受材料性能和极限工况的限制，钛合金在大口径高膛压身管等火炮关键部件中的应用进展较慢，尚未达到工程化应用的阶段。

在钛合金的应用基础研究方面，深化研究了钛合金的设计方法、集成计算、强韧化机理、相变行为、工艺－组织－性能间关系、损伤容限机理、疲劳行为、腐蚀行为等，取得较好的进展，科学研究成果显著，为合金性能优化、工艺改进提供了基础。

在大口径压制火炮方面，采用全钛合金材料研制了超轻型 155mm 加榴炮，全炮重量比各国陆军现役的 155mm 榴弹炮减轻约 50%。该装备的上架、下架、支座、座盘等主要结构均采用钛合金材料。此外还应用钛合金材料研制了大口径炮口制退器，可大幅度降低火炮后坐阻力，较传统钢制炮口制退器减重约 40%，显著降低火力部分配重，支撑了大口径火炮的整体结构轻量化。

在中口径迫击炮方面，新型迫击炮广泛采用了钛合金，在不降低身管寿命和射击精度的同时，重量减轻约 50%，为钛合金在火炮上应用积累了宝贵经验。

在火箭炮研制中，为满足空投和快速部署的需求，研制了轻型箱式发射、自装填火箭炮，该装备采用非金属储运发箱，主要运动结构采用高强度铝合金材料，底盘也采用了大量的铸铝件、尼龙、塑料和玻璃钢等轻质材料代替钢铁材料，进一步减轻了系统重量。

在航炮方面，武装直升机对航炮武器系统的重量要求严格，对系统的轻量化提出了很高要求。在航炮武器系统的无链供弹系统、座圈、托架、摇架等关键结构，大量采用铝合金材料和碳纤维结构件，大大降低了系统的总体重量，为系统轻量化设计提供了有力支撑。同时航炮弹药还创新性地研发了铝制药筒，解决了铝合金材料在高温高压发射环境下的开裂问题，实现了轻质药筒的工程应用，大幅提升了武装直升机的携弹容量。

3.新型缠绕材料应用技术

碳纤维、尼龙等非金属材料在身管兵器中的应用一直是新材料、新工艺研究的热点，基于碳纤维和钛合金内衬的复合身管可以大幅减轻身管的重量，已经应用于榴弹发射器、迫击炮等装备，解决温度冲击和振动时效作用下复合结构的开裂、形变等问题，推动了非金属材料在轻量化身管兵器中的广泛应用。

电磁炮身管采用了缠绕碳纤维工艺成型，降低了系统重量，大大提升了电磁炮特殊环境下的承载能力，探明了电磁炮轨道材料表面的损伤机理，验证了多种涂层材料的强化效果，为提高发射动能及增强电磁环境适应性提供了材料基础。

（二）身管兵器先进制造技术

1. 新型炮钢材料制造技术

近年来，新型炮钢材料研究的重点聚焦在提高身管寿命方向，在身管材料失效机理、身管材料表面增强及工艺等方面开展了大量研究，针对身管失效机理研究中发现的白层、灰层过程，提出了身管热 – 化学 – 机械烧蚀磨损机理，正在进一步深入研究身管材料参数与火炮失效参数的关联性。在身管材料方面，主要基于 PCrNi3MoVA、32CrNi3MoVE 等材料进行成分优化、超纯冶炼等方面的研究，通过添加稀土元素、采用炉外精炼 + 真空脱气 + 电渣重熔工艺提高钢中纯净度等方法和工艺，提高了现用炮钢的室温强韧性，而高温强度耐磨等热强性方面的进展相对较慢。

在火炮身管材料失效机理理论成果的支撑下，发现并提出了全新一代身管材料关键性能提升的原理，开展了系列关键技术研究，包括：基于提高特殊碳化物与基体的高温共格温度获得高温高强度；基于金属燃烧原理提升燃烧门槛值获得良好抗烧蚀性；基于基体与弥散高硬度碳化物强化提高高温耐磨性；基于组织设计与晶粒细化的提高高温应变与冷热疲劳性等。通过抗燃烧、高温强度、高耐磨、抗疲劳成分组织设计，结合冶炼、锻造、热处理等全流程组织控制技术，设计研发出高温高强度、高温高耐磨、抗烧蚀长寿命枪炮身管系列新材料，包括长寿命枪管钢、高精度枪管钢、小口径火炮身管钢、大口径火炮身管钢等，使得材料的高温强度、耐磨、抗烧蚀等关键性能大幅提升。

抗烧蚀性能方面，在多型小口径速射火炮上对新材料与 PCrNi3MoVE、32Cr2Mo1VE 等现用身管炮钢长连发及全寿命射击试验对比表明：PCrNi3MoVE、32Cr2Mo1VE 等身管、特别是坡膛膛线起始烧蚀变形最为严重，新材料身管膛线起始部位完整，无明显变形和烧蚀，新身管材料比现用炮钢 PCrNi3MoVE、32Cr2Mo1VE 具有更好的抗烧蚀和热稳定性。

抗疲劳性能方面，新身管材料在具有高断裂韧性前提下，相比现用炮钢 PCrNi3MoVE、32CrNi3MoVE、32Cr2Mo1VE 等具有更低的裂纹扩展速率、更高的疲劳寿命，表明新身管材料具有更高的安全性和可靠性。

2. 身管材料加工技术

（1）身管膛线加工技术

身管膛线加工主要有机械拉削技术和电解膛线技术。目前，机械拉制膛线尺寸精度略高于电解膛线精度，但机械拉削加工较电解膛线效率低；机械拉削膛线已实现大口径、长身管的批量生产能力，但存在膛线表面鳞刺、棱边毛刺、阴底粗糙等表面缺陷，一般通过内膛珩磨、刷洗等光整工艺加以消除。电解膛线一次成型、效率高，已实现中小口径身管的批量生产能力。随着电解膛线技术发展，电解膛线正向着大口径身管的趋势发展，有取代机械拉削膛线的趋势。

（2）身管高效车削技术

身管外圆高效车削技术是身管外圆成型的主要加工手段，一般通过粗车、半精车、精车实现身管外形的精确加工。目前，已广泛使用各类型数控加工设备，大幅降低了表面粗糙度，提高了尺寸精度。身管高效车削技术的研究重点是超高强韧钢硬切削技术、身管超低温车削加工技术等先进技术，以实现超高强韧钢身管的高效车削加工。

（3）身管药室加工技术

身管药室同轴锥孔加工一般采用成型铰削技术和数控车削技术，其加工工艺过程为：成型铰削（数控车削）– 机械抛光 – 专用量盘检测。药室成型铰削由于工艺复杂、成本高、表面缺陷多、效率低等问题，已逐渐被数控车削技术代替。数控车削是在数控卧式车床上，利用车用减振刀杆实现药室加工，但存在着不能在线定量检测和质量一致性难保证等问题。药室加工技术研究的重点是采用数控磨削 + 在线检测技术实现身管药室的高质量、高效率自动加工。

（4）身管内膛光整技术

身管内膛光整技术是采用机械抛光方法对内膛表面进行光整，提升表面质量的工艺方法。目前，国内中大口径火炮身管，其内膛光整工艺仍然采用普通刷洗工艺（低速机械研抛），但存在抛光效率较低、表面一致性不足、膛线阴线底部不均匀、棱边圆角不均匀等问题。身管内膛光整技术研究的重点是，采用磨粒流光整、磁力研磨、火炮身管膛线阴底表面高性能完整化仿生波动式加工技术等先进光整技术，实现火炮身管内膛的高效、高精度光整加工。

（5）驻退杆外圆数控珩磨技术

反后坐装置的驻退机、驻退杆加工主要包括外圆车削、磨削，内孔钻削、铰削、珩磨、抛光，电解异形槽，外圆镀铬等工艺。目前，由于外圆磨削加工表面微观形貌对反后坐装置密封性能的影响机理仍不明晰，为解决火炮驻退机在工作过程中出现的运动摩擦副部位渗漏液问题，开展了驻退杆外圆数控珩磨技术研究，对驻退杆外圆微观形貌对密封性能的影响规律、外圆数控珩磨技术、外圆直径在线测量技术等进行研究，能够满足表面粗糙度和外圆尺寸精度的要求。

（6）深孔构件封闭式变深度异形截面槽高质高效加工技术

火炮反后坐装置驻退机筒、复进机筒、驻退杆等典型零件上的内孔等深度矩形截面槽加工技术主要有机械拉削成型和电解成型两种技术，受限加工质量和效率，一般采用电解加工方法一次成型。对于大口径舰炮等新型反后坐装置驻退机筒等采用的封闭式、变深度、异形截面节流槽设计结构，受限于机械拉削的效率低、机床耗损大，电解拉线的原理上无法实现等，目前缺少合适的加工工艺方法，需要开展深孔构件封闭式变深度异形截面槽高质高效加工技术研究。

3. 身管校直技术

身管校直技术是应用三点校直原理、采用校直油压机进行冷校直。当身管弯曲变形量超出工艺和设计要求的精度范围时，通过矫直来修正弯曲变形量，使身管满足工艺和设计要求，矫直是其制造工艺中必不可少的重要环节。目前，身管校直技术存在人工操作对经验依赖程度高、质量稳定性不足、校直精度不足等问题。身管校直技术研究的重点是高精度、智能化校直技术，实现身管变形量在线检测、校直过程自动控制、校直参数智能决策等一体化。

4. 身管兵器残余应力调制与消除技术

车体结构的焊接残余应力消除及小口径大长径比身管零应力消除技术在身管兵器的制造及加工领域持续开展工程应用深化研究。针对大型车体结构的焊接残余应力导致结构变形、装配精度差等问题，通过超声原理对结构的残余应力情况进行实时测量，根据测量结果应用超声振动时效原理，采用超声局部激振方法，根据所测得的局部残余应力方向及大小，对焊接和加工残余应力进行调制处理，以消除残余应力对后期结构变形的影响。除了大型车体结构，针对大长径比的小口径火炮身管，在加工及热处理过程中的轴向应力不均匀导致的变形和成品率低的问题，采用测量和超声调制处理同步进行的方法，大大提高了产品加工质量。

（三）身管兵器先进工艺技术

1. 身管自紧工艺

随着火炮威力的不断提高，要求火炮身管能承受更高的压力和温度。为满足火炮高初速、高膛压、小质量和长寿命的要求，除了从制造身管的材质上着手，不断提高其力学性能外，采用各种工艺手段，在不更换材质的情况下，改变结构内部的应力分布，提高材料的利用率，以增强身管结构承载的能力和抗疲劳能力，其中身管自紧工艺是研究的重点。

身管自紧一般可分为液压自紧、机械自紧和爆炸自紧三种方法，身管自紧技术之所以能提高火炮身管的弹性强度和疲劳寿命，是因为身管自紧时对半精加工身管内腔施加超过身管初始屈服极限的压力后，使身管从内到外产生塑性变形，当内压卸除后，由于每一层材料的相对弹性恢复量比相邻外层小，则里层材料便阻止外层材料的弹性恢复，这种约束作用最终使得身管沿壁厚产生内层受压而外层受拉的切向残余应力。当火炮发射弹丸时，内壁压缩残余应力与膛压产生的工作拉应力叠加，降低了身管内实际应力水平，从而提高了火炮身管的弹性极限压力和疲劳寿命。因此，自紧技术是采用较多的一种提高火炮身管承载能力及延长使用寿命的有效方法。

大口径坦克炮身管通常采用液压自紧技术，根据情况选择全膛自紧或者半膛自紧。大口径加榴炮通常采用机械自紧方式，自紧度约为 60%。在身管精加工之前，对其进行自紧处理，可使身管产生残余应力，越靠近内膛面的位置，压缩残余应力愈大。由于内膛表面压缩残余应力的存在，对身管产生的作用有两个，一是可大幅度提高身管材料的承载能力，即压缩残余应力会抵消一部分火药气体的高压；二是能够大幅度提高身管的疲劳寿命，裂纹尖端的强度因子随着压缩残余应力的增加而降低，减缓了裂纹的扩展速度，延长了身管内壁裂纹的扩展寿命。随着当前炮钢材料屈服极限的提升，身管自紧工艺的压力的要求也逐渐提高。

2. 先进内膛强化工艺

近年来，国内在身管内膛激光强化、纳米镀覆、磁控溅射等新型工艺技术研究方面取得了进展，成功研制了航炮用磁控溅射 Ta-10W 抗烧蚀涂层设备，并逐步发展成适用多型身管的耐烧蚀抗冲刷涂层的工艺设备，主要集中于枪管和中小口径火炮，而适用于大口径线膛火炮身管内膛表面强化的工艺研究则进展较慢。内膛表面激光强化工艺也开展了相应的应用研究，于 14.5mm 机枪身管上，试验验证表明可使得身管寿命大幅提高。

通过表面强化技术制备出表面特性显著优于身管基体材料性能的内膛防护层，可在原身管材料、设计及结构等不变的情况下，以较小的代价改变身管内膛表面形貌、组织结构、成分和应力状态，身管基体表面所需要的特殊性能，可以显著提高身管内膛的耐磨、耐高温性能，是身管基体寿命延长技术和工艺研究的重点，并且在多个装备应用中证实了显著效果。

3. 应力调制工艺

在大型的身管结构加工及车体焊接过程中，采用对残余应力集中区域进行边检测边调制的方法，大大降低了局部的应力集中，减小的大型结构件的应力集中引起的变形，使加工和生产的良品率大幅提升。该技术主要采用超声无损检测方法，对特定方向的残余应力进行检测，掌握每个工序之后的应力分布情况，针对分布的特点，开展大功率的超声调制，以降低后期的结构变形。

4. 深孔加工工艺

现代身管兵器中的榴弹炮、坦克炮、反坦克炮的身管长度一般为 30～55 倍口径，甚至有的达到 60 倍口径，小口径高射炮身管更是在百倍左右。在加工过程中需要保证很高的精确度，细长管件的加工过程中由于不同工序对身管的影响，存在加工应力、热处理等会引起弯曲变形的问题，加工难度极大。为了保证孔的尺寸精度和表面光洁度，需要使用合适的研削工具，特殊的钻头和钻孔刀具、专用机床。

虽然自动机械加工过程越来越高效与精确，但对于那些需要超高精度或对技术要求较高的工序，仍然离不开技术工人的精细加工，工人的技能和经验也是实现超高精度加工的重要保证。

5. 高强铝合金双丝自动焊接工艺

双丝全自动熔化极机器人焊接是借助两台单独的焊接电源通过机器人焊接系统程序协调控制，实现相互联动，从而实现两根焊丝同时熔化，形成同一熔池，共同冷却结晶形成焊缝的工艺技术。因其热源能量集中，穿透力能力强，能够有效解决装甲材料熔透能力和提高焊接效率，特别是解决大厚度铝合金焊接熔合不良、降低气孔、夹渣等缺陷及焊接变形大等问题。同时，由于是双丝焊接，因两根焊丝的分布位置不同（可前后、左右及斜倾等），会对熔池成型和净化具有明显影响，两电弧的耦合作用有效控制了熔池大小和焊缝成型质量，改善了焊缝外观质量和组织性能。

三、国内外发展对比分析

（一）身管兵器新材料应用技术国内外对比分析

1. 新型炮钢材料应用

随着世界材料和工艺技术的不断发展，高强钢以及新型复合材料不断涌现，采用新型材料的火炮身管也在逐渐投入使用，但炮钢仍然是当今用来制造加农炮、榴弹炮等大口径厚壁火炮身管的主要材料，炮钢的性能水平直接关系到火炮威力及机动性的提高。由于火炮身管特殊的使用工况，火炮身管材料要同时具备耐高压、耐高温、耐高速火药气体烧蚀，耐弹带磨损和耐低周疲劳等的特殊性能。身管锻件标准是身管生产和验收的依据，直接反映炮钢材料科研和生产技术的水平。

目前，世界各国的大口径厚壁炮钢基本采用 Cr-Ni-Mo-V 中碳低合金系钢。这类钢具有较高的淬透性，能保证大截面钢淬火和调质处理后获得较好的强度和塑性配合，具有较高的抗脆断能力。常见的炮钢包括 PCrNi3MoVA、30Cr2MoVA、32Cr2MoVA 和 25Cr3Mo3NiNb 等 Cr-Ni-Mo 系合金钢。PCrNi3MoVA 钢中的镍元素含量较高，因而具有良好的韧性；30Cr2MoVA 相对于 PCrNi3MoVA 钢，具有更高的高温强度；32Cr2MoVA 钢因回火二次硬化而具有较好的高温强度和耐烧蚀性能。25Cr3Mo3NiNb 钢是在 32Cr2MoVA 钢的基础上降低碳元素含量并加入镍元素以提高其韧性，增加铬元素和钼元素含量来强化二次硬化效果，保证良好的淬透性、抗氧化性和耐磨性。25Cr3Mo3NiNb 钢应用于火炮，性能优异，但其中添加的钼元素和铬元素含量提高又会产生二次硬化、脆化效应，25Cr3Mo3NiNb 钢在 550℃的回火组织仍有粗大的碳化物，冲击韧性低。研究表明，在 Cr-Ni-Mo 系高强钢中，钒元素有助于在回火过程中形成细小弥散的碳化物，提高冲击韧性。因此，为提高合金的冲击韧性，在 25Cr3Mo3NiNb 钢的基础上降低钼元素的含量并添加一定量的钒元素，同时再添加一定量的钨元素，提高合金耐磨性、淬透性和硬度，得到 25Cr3Mo3NiNb 钢。

随着电渣重熔技术在炮钢生产中的普遍应用，形成了电炉初炼、炉外精炼、电渣重熔的优质炮钢生产工艺。炮钢韧、塑性的提高主要依靠先进的冶炼和热加工技术。炉外精炼（真空除气）+电渣重熔是目前高纯净炮钢冶炼所普遍采用的工艺，改进炮管毛坯的成型工艺可以改善金属组织、提高力学特性，并提高材料利用率、降低成本。

火炮射击过程中，火药燃烧生成大量气体，膛内温度在几毫秒到十几毫秒时间内温升至 2500~3800K，同时受到 1040~700MPa 的压力。弹丸膛内运动时期，弹丸在燃气作用下沿身管运动，与身管接触应力高达几百兆帕，接触面温度急剧上升，热量通过对流和辐射的形式传入身管内壁，在表面几十微米处形成了很高的温度梯度。美国陆军贝尼特实验室开发了两种强度界别的炮钢，以降低火炮重量提高身管性能。当前低碳合金炮钢经过多年的研究与实践，Cr-Ni-Mo-V 系炮钢已经成熟，性能匹配合理，经过了当前各类大口径火炮的使用验证。

2. 国内外炮钢材料差距

近三十年来，国外在超高强韧炮钢的研制方面取得了重大进展。德国和法国的炮钢材料磷、氢、氧、氮含量较低，锻件晶粒度法国的仅有 5%~10% 混晶、全长力学性能均匀性，法国、瑞士身管毛坯同一试片和相邻试片之间的强度差较小。近些年美国、德国等西方发达国家均开发研制了新炮钢，通过新的合金化设计、添加微量有益的稀土元素镧、活性元素钙和采用先进的冶炼工艺，使炮钢的强度水平 $R_{p0.2}$ 达到 1300~1350MPa，并在装备上应用。

国内批量生产的炮钢材料与国外具有明显差距。国内炮钢磷、氢、氧、氮含量相对较高；毛坯晶粒度存在 30% 以下的混晶、全长力学性能均匀性，身管毛坯同一试片和相邻试片之间的强度差为外国同类材料的两倍左右；这些差距不仅表现在材料指标上，而且对身管毛坯残余应力产生影响，会造成应力不均匀。目前冶炼系统采用大气下浇铸钢锭或电极坯料、电渣重熔采用大气下电渣重熔，钢内的成分均匀性较差，氧、氮气体含量较高。毛坯加工设备精度低，机加工后尺寸精度不稳定，坦克炮身管锻坯粗加工普遍还使用早期引进的设备加工外圆和钻扩内孔，设备的精度较低，表面粗糙度和壁厚差很难实现控制目标，从而影响热处理后的应力分布和组织的均匀性，进而影响最终产品的一致性。

3. 新型身管材料的开发与应用

（1）高强度纤维材料的应用

美国提出开发一种基于有机材料的低成本复合材料系统，这种材料系统应具有高耐热性，可通过低温工艺生产，适用于大口径炮管，能够为远程精确火力和下一代战车优先项目提供支持。新型复合材料系统要与现有的中模量碳纤维（如 IM7 纤维）兼容，材料在零下几十摄氏度到五百多摄氏度温度范围内应能保持其物理性能和环境稳定性，在极限高温时，性能损失不超过 20%，在 538℃时，性能损失不超过 50%。新型复合材料系统应能低温固化，加工工艺可确保材料有效附着在钢制基底上，使热膨胀系数差异不会导致严重问题。新型复合材料系统的成本应与标准碳纤维增强热固性材料（如 IM7/8552 或 IM7/APC-2）的成本相当或更低。美国开展该项研究的最终目标就是要提交轻质材料解决方案，减轻增程火炮不断加长的炮管重量，并使战车炮管更轻，火炮瞄准更快，对驱动系统的要求更低。

利用高模量碳纤维热塑性材料提高火炮身管性能，美国提出利用纳米添加剂提高碳纤维增强热塑性复合材料的全厚度模量，用于大口径直瞄和间瞄火力身管。深度研究了单向碳纤维／聚醚醚酮（IM7/PEEK）材料系统，利用热气炬或激光作为加热源，通过纤维铺放工艺将材料加工成完全固化的带材，以确定何种纳米添加剂以及何种添加量可最大限度提高材料的全厚度模量，同时不降低材料的平面性能或加工性能，要求新材料在纯聚醚醚酮材料的基础上全厚度模量增加 75% ~ 200%，加工后的层间剪切强度等于或大于 60MPa，平面性能无退化。

（2）新型内衬结构材料身管

美国国防鉴定与研究局研发的钢内衬复合身管将用于 155mm 榴弹炮，通过该技术将传统 39 倍口径 155mm 身管壁厚减薄 60%，并加装碳纤维复合材料缠绕层构成的外套管，身管重量降低 40%，然后在轴向增加复合材料外套管，提高身管的抗拉强度。

美国陆军研究实验室评估了坦克炮用陶瓷内衬炮管的可行性。认为 SiC、Si$_3$N$_4$ 和 SiAlON 等是性能最好，最适合作为炮管内衬的陶瓷材料。为了解决陶瓷材料抗拉强度低脆性大的缺点，采用了缠绕碳纤维材料保护套。通过增加内衬的预压缩应力提高材料疲劳性能，增加使用寿命，并且纤维增强复合材料具有强度高和密度低的优点，预期可大幅度降低炮管的重量。

（二）身管兵器先进制造技术国内外对比分析

1. 先进粉末制造技术

美国提出开发一种与轻质装甲钢 FeMnAl 成分相同的增材制造用粉末材料，用于修复 FeMnAl 钢部件以及设计新部件。增材制造修复工艺需要与高合金钢兼容，对粉末成分具有独特要求，使其与增材制造技术兼容。该技术所开发的增材制造粉末可用于"艾布拉姆斯"主战坦克，也可用于重量限制较大的特定部件设计。

国内也开展了增材制造用粉末材料方面的技术研究，但在身管兵器上的工程化应用尚未大范围实施。

2. 炮塔体高强铝合金双丝自动焊接技术

双丝自动熔化极机器人焊接工艺技术主要应用于中大型大厚度装甲铝合金焊接结构件的焊接，也可以用于碳钢、高强合金钢、装甲钢等中大厚度板材焊接结构件的焊接。

目前，国内在双丝自动焊接技术，尤其是控制系统方面尚有较大差距，在大厚度高强钢、装甲钢自动焊接方面，需要进一步开展国产化双丝自动焊接控制系统开发。

（三）身管兵器先进工艺技术国内外对比分析

1. 身管兵器材料与制造工艺技术

美国研究利用冷喷涂工艺修复战车炮架，并开发并演示了一种冷喷涂工艺，用于修复

M2"布雷德利"战车炮架。冷喷涂是一种新兴技术，能够修复磨损的部件，减少新部件储备需求，大幅降低零部件的生命周期成本，提高系统可用性和车辆战备能力。冷喷涂技术还可修复战车外表面腐蚀，或用于涂覆身管内表面，已得到美陆军制造技术计划的资助。

腔线加工方面，目前采用数控机床加工方式，利用刀具边旋转边向前切削，从而加工出合格的腔线。此外，还可以采用电腐蚀方法加工腔线。美国近几年所提出并实践了多种新工艺，探索了一种有别于常规机械拉削或电化学的新腔线加工方法，使难熔金属和陶瓷衬管更经济地适用于身管内腔。美军已经将此工艺应用于 25mm 小口径以及 120mm 和 155mm 大口径炮管内衬腔线的加工。水射流腔线加工工艺作为另外一种腔线加工方法，也已达到工程应用水平。在电化学加工金属材料的直接回收和再生新工艺技术方面，研究了铬镍铁、铬铜等合金材料的回收，并将其用于各种口径火炮的电化学加工。

身管增寿技术方面，多国研究了先进镀层技术，电镀铬作为当前主要使用的提高身管寿命技术，由于 6 价铬具有致癌性，该方法使用受到一定限制。美国正利用爆炸包覆技术提升身管内腔抗烧蚀磨损性能，美国陆军以小口径自动炮为对象，对钽合金爆炸包覆技术开展了系统研究，显著提升火炮身管寿命。近些年，经过几轮的大规模研发投资，爆炸包覆 Ta10W 衬管技术的技术成熟度大幅提升，已可应用于工业产线。

目前国外的中、大口径火炮身管大多采用电沉积铬层，以保护身管内腔。电镀铬工艺存在脆性大、剪切及抗拉强度比较低、镀层易剥落、环境污染问题严重等缺陷，亟待新的抗烧蚀涂层材料与工艺技术。美国先后开展柱面磁控溅射钽涂层工艺、爆炸包覆焊接钽技术、大功率等离子弧光涂覆技术、化学气相沉积涂层技术、同轴高能沉积涂层技术等方面的技术研究，其中磁控溅射和爆炸包覆焊接技术已进入工程化应用阶段。爆炸包覆技术已在小口径、中大口径身管上得到应用及验证，技术成熟度和制造工艺成熟度得到了长足的进步，基本具备批量应用的条件。爆炸包覆技术工艺效率高、无污染，我国在该方向也有一定的研究和应用基础。

德国开发出一种超快激光材料沉积的新工艺，可用于金属零部件的表面涂覆保护组件免受腐蚀和磨损。超快激光金属沉积技术克服了镀硬铬、热喷涂、激光沉积等传统工艺的不足，未来在金属部件表面处理方面将大有可为。

先进润滑技术方面，美国提出开发用于中口径火炮的润滑材料，可延长系统寿命、缩短维修时间、提高可靠性和实用性。目前开发的新型表面润滑剂采用纳米复合材料技术，已在武器部件、车辆部件和机加工润滑方面得到应用。还可以利用化学气相沉积技术涂覆纳米复合材料，而不改变基底组件的冶金学状态。新研发的枪炮用替代型固体润滑材料，在武器零部件制造或改造期间可一次性永久涂覆，提供长效的耐腐蚀性和润滑性，将武器装备零部件定期维护周期延长近一倍。这种润滑材料还要能够在零部件全寿命周期内持续发挥作用，延长零部件使用寿命。

增材制造技术方面，增材制造技术和增材制造标准的最新发展为军事装备增材制造零部件应用提供了契机。美陆军希望利用增材制造钛合金替代当前陆军直升机上使用的传统钛合金。美陆军研究不同的热处理条件对增材制造用 Ti-6Al-4V 钛合金的影响，使增材制造 Ti-6Al-4V 合金能够更好地用于武器装备，使组件的抗拉强度、疲劳强度以及二者组合性能满足陆军要求。该技术成果将对增材制造钛合金在国防领域的应用产生积极影响，扩大增材制造钛合金在复杂零部件上的应用范围，减轻零部件重量并缩短交货时间，提高部队战备水平和能力。美国陆军研制出 3D 榴弹发射器及其配用弹药，并成功进行了射击测试。3D 打印榴弹发射器全称为快速增材制造弹道武器，其大部分部件都是通过 3D 打印技术制造的，其中枪管枪身由铝材料通过直接金属激光烧结制成，扳机和发火销等其他部件用 4340 合金钢打印，配用弹药是利用选择性激光烧结和其他增材制造工艺打印。研究人员在室外用 3D 打印榴弹发射器，并试射了 15 发 3D 打印弹丸，发射器正常工作，未发生枪管烧蚀。陆军研究实验室的科研人员将空军开发的 AF96 钢合金制成粉末，采用粉末床熔融技术，利用 3D 打印机激光选择性熔化粉末，然后逐层在粉末床上铺粉，最终打印出钢制零部件，实现了高强度材料的增材制造。目前，陆军研究实验室正在与工业界和学术界紧密合作，对新合金设计进行建模，开展热力学计算研究，以加快材料应用进程。

2. 超高强韧炮钢制备工艺

国外在超高强韧炮钢材料制备方面采用先进的装备及工艺，其炮钢材料制作经过工艺设计、模拟仿真优化、电炉、DH 或 RH 除气、电渣重熔实心锭（或空心锭）、GFM 旋转精锻、卧式炉热处理等流程，利用先进设备和工艺保证了炮钢材料的高性能和均匀化。法国勒克莱尔主战坦克的 120mm 滑膛炮采用了 HRT25NKD8-4 新型炮钢，炮钢材料制作工艺流程经过电炉、钢包真空除气与精炼、保护气体电渣重熔、水压机或精锻机锻造、井式炉热处理等过程。德国、瑞士的"豹 2"改进型 Ⅱ 型坦克 120mm 紧凑炮采用 45NiCrMoV144 炮钢，炮钢材料制作工艺流程经过电炉、真空除气、保护气体电渣重熔、水压机与操作机联动快锻、井式炉热处理等过程。俄罗斯的 135mm 滑膛炮采用 OXH3MФ 改钢，炮钢材料制作工艺流程经过电炉、真空除气、保护气体电渣重熔、精锻、井式炉热处理等过程。这些国家所采用的主要设备和工艺较好地保证了炮钢材料的高性能。

国外基本采用冶炼过程自动控制、炉前试样气动送样自动检测的精炼炉，可升降及横移的注流全封闭液压升降浇钢车，保护气氛电渣重熔或真空自耗重熔炉，液压机与操作机联动的快锻机或旋转精锻机、高精度控温热处理、淬火介质快速换热装备，数控机械加工等先进的工艺装备，并在工艺参数的设计上采用 Gleeble 热模拟和数字模拟技术相结合的方法来科学地制定工艺参数，大大提高了身管材料的工艺制造水平。

四、发展趋势与对策

身管兵器材料与制造技术是身管兵器发展的基础，对身管兵器的技术进步和前沿发展有重要影响，随着先进材料及其制造技术的发展，身管兵器的新材料应用也将大力发展，推动下一代装备的变革。

（一）高温高强抗烧蚀新材料研发应用是重点

针对大口径身管工况特点，特别是大尺寸结构对热处理和性能提出的新要求，重点需要关注新材料成分与组织结构的优化，设计研发出具有全温度区间的火炮身管新材料。同时，在材料制备、热加工与热处理工艺创新和优化等方面加大研究力度，使大口径火炮新材料具有从室温到高温的高强度高韧性，具体较现用材料提高两倍以上，最关键的是700℃高温强度达到500MPa以上，同时还具有优异的抗烧蚀性能和疲劳性能。

（二）复合材料在身管中的应用是重要方向

随着当前材料性能的逐步提升和战场环境对装备轻量化、高机动的特殊需求，身管的结构优化与新材料应用会是下一个研究热点，尤其是非金属材料与金属材料复合的新型身管结构研究，通过身管内衬、碳纤维缠绕复合身管等技术和工艺的研究，加快工程化应用，促进其在单兵装备、轻型机动平台上的广泛应用。

（三）内膛表面强化技术将使身管性能不断提升

系统研究各种内膛强化技术，并根据实际要求，采取不同的内膛强化技术，以提高内膛表面抗化学烧蚀作用，减少化学白层出现和程度，进一步提升身管寿命。重点从失效机理突破、新材料与制备技术、实弹考核验证及应用等多方面开展基础研究和应用研究，解决大口径身管寿命瓶颈问题，为新一代超高膛压、大强装药量、远程火炮，以及现用火炮身管寿命延寿等从材料方面提供坚实基础和技术支撑。

对电磁轨道炮等新概念火炮，其身管寿命机理研究重点关注耦合影响因素和解决措施，面临的技术难题是需要综合考虑电源功率、结构预紧、材料摩擦磨损等。

（四）新型加工方法的不断出现和发展

精密加工和超精密加工、微细加工、特种加工及高密度能加工、新型材料加工、大件及超大件加工、表面功能性覆层技术以及复合加工等新型加工工艺和方法不断应用于身管兵器领域，将大大提高加工效率，节省人力物力。

（五）模拟仿真将推进工艺设计更加精准

计算机数值模拟技术在铸造、锻压、焊接等传统工艺中广泛应用，可以预测缩孔、缩松、裂纹等缺陷的位置及防治措施，确定工艺规范，优化工艺方案，从而控制及确保毛坯件的质量。再以物理模拟和专家系统，使工艺研究由"经验判断"走向"定量分析"，使工艺设计由人工计算、画图到工艺计算机辅助设计。数控技术的发展是工艺设计由"经验"走向"定量分析"自动化等高新技术与工艺的紧密结合。

（六）加速智能制造及数据分析的研究

三维表征技术、计算材料科学以及先进制造和加工工艺的进步，使材料研究数字化趋势日益凸显，并显著缩短了从发现到新产品的研究周期。各国关于智能制造和材料科学领导权的竞争，以及生产高端产品的竞争将日益激烈，只有持续加大材料研发基础设施建设才能保持竞争力。同时人工智能、机器学习和大数据收集与分析等计算机技术已开始对材料科学产生显著影响。未来，先进的数据分析、适用的计算机和软件界面将变得越来越重要，身管兵器将进入智能制造的新发展阶段。

参考文献

［1］ 郑斌，沈卫，陈永新. 世界兵器材料技术发展报告（2019 年）［R］. 中国兵器工业集团第二一〇研究所，2019.

［2］ 郑斌. 先进材料领域科技发展报告（2017）［M］. 北京：国防工业出版社，2017.

［3］ 郑斌. 先进材料领域科技发展报告（2018）［M］. 北京：国防工业出版社，2018.

［4］ 高彬彬. 先进制造领域科技发展报告（2016）［M］. 北京：国防工业出版社，2016.

［5］ 国家自然科学基金委员会，中国科学院. 未来 10 年中国学科发展战略 – 材料科学［M］. 北京：科学出版社，2012.

［6］ 胡士廉，吕彦，胡俊，等. 高强韧厚壁炮钢材料的发展［J］. 兵器材料科学与工程，2018（06）：108-112.

［7］ 曾志银，高小科，刘朋科，等. 炮钢材料动态本构模型及其验证［J］. 兵工学报，2015（11）：2038-2044.

［8］ 吕彦，胡俊，任泽宁，等. 大口径厚壁火炮身管用钢的性能与发展［J］. 兵器材料科学与工程，2013（02）：142-146.

［9］ 刘嘉鑫，袁军堂，汪振华，等. 新型钛合金炮口制退器结构设计与分析［J］. 兵器材料科学与工程，2019（01）：32-35.

［10］ 任庆华，张利军，薛祥义，等. 钛合金在轻量化地面武器装备中的应用［J］. 世界有色金属，2017（20）：1-4.

［11］ 刘川，高富锁. 数控拉线机火炮膛线的加工［J］. 机械制造，2015（11）：68-70.

［12］ 曾志银. 火炮身管强度设计理论［M］. 北京：国防工业出版社，2004.

［13］ 张相炎. 现代火炮技术概论［M］. 北京：国防工业出版社，2015.

［14］ 尹冬梅，栗保明. 基于三维等效弹性模量的轨道炮复合身管抗弯刚度分析［J］. 兵器材料科学与工程，2017（02）：17-20.

［15］ 夏克祥，赵丽俊，赵广军，等. 纤维材料在高膛压高初速度炮射弹药上的应用研究［J］. 材料导报，2014，28（S1）：164-166.

［16］ 吴其俊. 复合材料枪管的理论及应用研究［D］. 南京：南京理工大学，2012.

［17］ 杨宇宙，钱林方，徐亚栋，等. 复合材料身管的疲劳裂纹扩展分析［J］. 弹道学报，2013，25（02）：100-105.

ABSTRACTS

Comprehensive Report

Advances in Technologies of Barrel Weapons

Driven by the military demand and the development of modern science and technology, barrel weapon has developed into a weapon system with multiple characteristics such as firepower, information, control, power and protection. It is widely used in the army, sea and air force and is the key component of conventional ammunition on the battlefield. With the development of new weapons and ammunition, the gun-launched rocket and ramjet technology matures; the fire control technology, integrated electronic information technology, transport platform and artillery firing integration progress, and new concept launch theory and technology are put forward; new material with high strength is the applied and verified; and which lead to the improved of the weapon performance in our country. The report mainly reviews the development status of barrel weapon technology. At the same time, in order to reveal the gap between China and other countries in barrel weapon technology, a comprehensive comparision studies are carried out with foreign countries. Furthermore, the future development trends and suggestions for barrel weapon are also summarized.

In this report, domestic barrel weapon technology mainly includes:launch technology, control technology, integrated information management, delivery platform, new concept and material manufacturing technology, etc. Among these technologies, a large number of experiment and simulation are carried out in domestic universities and research institutes.The research results are as follows: in Launch technology: with the research and application of technology, as performance improvements of propellant, extended range of ammunition, high resistance control, ammunition optimum match, automatic loading, multi-function launch, lightweight material such as technology, the performance of barrel weapon has been greatly improved at high velocity, long-range, low recoil, low cost, intelligent, lightweight. in control technology: by breakthrough the key technologies in high precision and fast automatic aiming technology, shooting correction technology based on trajectory measurement, distributed cooperative fire control technology, integrated intelligent power supply management technology, neural prostheses technology, rapid automatic aiming and calibration in the process of gun shooting is achieved. integrated electronic information technology: vehicle communication network technology grows mature, human-computer interaction technology improves to the direction of human-machine collaborative intelligent, machine learning to predict failure stage is in engineering application stage, the military simulation training changes from pure technical simulation into tactical simulation, the photon radar exploration is applied to the research of the military detection, the optimization and integration of tactical networks and the development of small multifunction quantum sensors have further improved the situation awareness of barrel weapons. In terms of delivery platform: the delivery platform and barrel firepower are integrated to realize the combat mode of scattered forces and concentrated firepower. In terms of new concept launch, important research achievements and remarkable progress have been made in electromagnetic launch technology, electro-thermal chemical launch technology, hydrogen combustion launch technology, plasma launch technology. In terms of material and manufacturing technology: new materials with performance of high-strength and lightweight have been applied and verified, including high-strength titanium alloy, aluminum alloy and carbon fiber, etc., which basically meet the technical conditions of equipment level for the engineering application in the fields of large-caliber artillery, small-caliber artillery and individual weapon.

By comparing the domestic and foreign advanced weapons and technology and content, in the artillery integrated design, remote ammunition, precision-guided, self-independence of damage assessment, system simulation and test, the simulation precision, extreme environment test sensing technology, integrated electronic information system, communication ability, design and manufacture of lightweight high strength composite material have a certain gap with the international advanced countries. development of new type high energy propellant, the research on the rules of play out drug allegations read, neural network, artificial intelligence, communication network, such as lightweight materials technology is bottleneck problem of

weapon development ability of the body pipe in our country, at present, the world's military power have been put forward across generations and weapons development program, and then determine the weapon of the development of strategic objectives, to our country body tube forming compression weapons development. weapons and technology in our country should take strategic long-range artillery, electromagnetic railgun, multi-function artillery and background of intelligent artillery guns, intelligent requirements, technical research direction, and then based on the analysis of the existing weapon technology system to support with the vigilant across generations, on the basis of lack and deficiency existing in the development of improvement include technology, key technology, supporting technology, cutting-edge technology and son on different layers. The technical system of barrel-barrel weapon should consolidate the basic theory, pay attention to the cross-application of disciplines, implement the integrated development of military and civilian forces, and pay attention to the transformation of achivements, so as to realize the sustainable and innovative development of barrel-barrel weapon and enhance the internation influence of China's military power.

According to the comparisons of advanced weapons and technology between domestic and abroad, it is clearly that there is a certain gap in the artillery integrated design, remote ammunition, precision-guided, damage assessment, system simulation and test, the simulation precision, extreme environment test sensing technology, integrated electronic information system, design and manufacture of lightweight high strength composite material with the international advanced countries. The technologies of new type high energy propellant, projectile-barrel-protellant coupled rules, neural network, artificial intelligence, communication network, lightweight materials are bottleneck problem for development of barrel weapon in our country. At present, the world's military power have put forward across generations and weapons development program, determine the strategic objectives of weapon the development, which is a big stress to our country's weapons development. It is advised that by the analysis of the short of the existing weapon technology system to support the upgrade of the weapon equipment, with the vigilant across generations, the basic theory should be consolidated, key technology, supporting technology, cutting-edge technology should be pay more attention in order to realize the sustainable and innovative development of barrel weapon and enhance the international influence of China's military power.

Report on Special Topics

Advances in System General Technologies of Barrel Weapons

The barrel weapon is a weapon to produce a destructive effect on the target that uses chemical, electrical or other form of energy as source, and launches the shells, rockets, bullets, armatures, etc. With a tube structure such as a gun barrel or other type of directional device. With the development of science and technology and the demands of war, the barrel weapons have developed from just a tube weapon to a complex weapon system integrating mechanical, electrical, information, cotrol and other technologies, which a equipped in all branches of the army, navy and air force, and are the backbone if conventional weapons on the battlefield.

The over-all technology if barrel weapons mainly covers the overall equipment index demonstration, overall design, barrel weapons design theory and method, equipment integration design, integrated design, ballistic design, effectiveness assessment technology, and system integration verification technology. The related technologies have been widely used in the overall design and have reached the practical level.

In this chapter, seven aspects of the overall technology, including the suppression artillery, rocket artillery, anti-aircraft artillery, assault artillery, airborne artillery, and system simulation and testing technologies, will be discussed comprehensively from three perspectives, namely the

latest domestic research progress, the comparative analysis of domestic and foreign technologies, and development trends and countermeasures.

Advances in Launch Technology of Barrel Weapons

Barrel weapon is a kind of tubular weapon which relies on the high temperature and high pressure gas produced by gunpowder combustion to push the projectile forward.It bears the pressure of gunpowder combustion gas in the barrel, and mainly bears the resistance of air or water medium in the air or water after coming out of the barrel. Among them,interior ballistics mainly study the movement law of bullets and arrows in the barrel,and exterior ballistics mainly study the movement law,flight performance,related phenomena and application science of bullets and arrows and other launchers in the air or water,which is the important theoretical and engineering and engineering application basis of barrel weapons technology.With the mutual penetration and advancement of different disciplines,especially the rapid development of high-tech theories and technologies represented by machinery,information,artificial intelligence,etc. The launching technology of barrel weapons in Chin has been promoted to a deeper level,showing a vigorous development trends.

Advances in Control Technology of Barrel Weapons

From the aspects of autonomous unmanned control technology, intelligent target recognition technology, battlefield situation visualization technology, networked cooperative operation technology, local area network autonomous operation technology, launching technology during traveling, missile-gun combination control technology, this paper expounds the research status of advanced control technology of barrel weapons at home and abroad, summarizes the comparative analysis of development at home and abroad. This paper points out the development trend of barrel weapon control technology, such as automation of target recognition, multispectral situational awareness, networking of fire attack, autonomy of control decision, simplification of system structure, etc. It gives corresponding development countermeasures of networking, intelligence and integration, which provides theoretical reference and technical reference for system demonstration analysis, research and design, system transformation and upgrading, etc.

Advances in Integrated Electronic Information System Technology of Barrel Weapons

The integrated electronic information system of barrel weapon is the main way and technology to realize informatization and intelligentization of barrel weapon, and also the core of informatization and intelligentization construction of barrel weapon equipment. The system based on advanced technologies such as computer, control, communication, bus network and software, and constitutes an integrated electronic information system for weapons and equipment. Through hardware modularization,software components, real-time bus network, intelligent human-computer interaction, accurate command and control, and realistic simulation training, the system realizes the integration of command and control, fire strike, combat process control, task management, and confrontation training, which makes the system highly share resources and greatly improve the overall efficiency.

This report firstly introduces the development of the overall technology, communication network technology, software technology, electrical control technology, command and control technology, human-computer interaction technology and simulation training technology of the barrel weapon integrated electronic information system. Secondly, the technical status of the integrated electronic information system of barrel weapon at home and abroad is described, and the gap between them is compared. Finally, the development trend and countermeasures in this field are put forward.

Advances in Carrying Platform Technology of Barrel Weapons

The carrier platform technology of Barrel Weapons is a comprehensive technology to study the adaptability of Barrel Weapons and carrier platforms, its function is to provide a transportation and loading platform for Barrel Weapons, and realize the tactical mobility and operational mobility of Barrel Weapons. According to different combat weapon platforms, the carrier platforms can be divided into land-based carrier platforms, air-based carrier platforms, sea-based carrier platforms and special carrier platforms.

In recent years, due to the military demand and the development of modern science and technology, Barrel Weapons have developed into a system that integrates firepower, information, control, power, and protection, and are widely equipped on Army, Navy and Air Force, which has a profound impact on military theory and the development of the Barrel Weapons. After years of hard work, the carrier platform technology of Barrel Weapons in our country has greatly improved. The integration technology of the carrier platform and barrel firepower, and the modular combination technology of the carrier platform and Barrel Weapons have entered the stage of independent research and development.

This report summarizes the important technological progress of the carrier platform technology for Barrel Weapons in land-based platform, air-based platform, and sea-based platform in our country. It compares and analyzes the research progress of domestic and foreign, and prospects the development trends and countermeasures in the field of the carrier platform technology for Barrel Weapons in our country.

Advances in New Concept Launch Technology of Barrel Weapons

The new concept launch technology for Barrel Weapon has always been highly concerned by the developed countries in the world, due to its great technical advantages and potential in realizing high muzzle velocity, long range, large power, high efficiency and precise damage. After decades of research and development, remarkable progress and important research achievements have been made. In this special report, the basic principles and the research status in domestic and foreign countries about the electromagnet launch technology, the electrothermal chemical launch technology, the hydrogen combustion launch technology and the plasma launch technology are mainly introduced. The technical advices for the development of the new concept launch technology for Barrel Weapon in our country is proposed, aiming to provide important foundation support for promoting the engineering application of the new concept launch technology for Barrel Weapon.

In recent years, the new concept launch technology for Barrel Weapon in our country has gained significant progress and important periodical achievements, which however has a relatively large distance from the international advanced technology due to the uneven research level and weak systematicness, etc. Meanwhile, the new concept launch technology involves materials, mechanics, structure, trial-manufacture craft, heat transport, hydromechanics, plasma physics, electromagnetics, electrotechnics, ballistics and many other disciplines. In the future development and research, it is urgent to strengthen the top-level strategic planning, overall demonstration and capacity construction, and enact roadmap for tackling key problems of the technology new concept launch technology, which is essential to ensure that the new concept launch technology for Barrel Weapon in our country could develop sustainably and healthily, equip the army at an early date and form new combat effectiveness.

Advances in Material and Manufacturing Technology of Barrel Weapon

Material and manufacturing technology of barrel weapon has made great progress in recent years. Development of application technology、 advanced manufacturing technology and advanced technology of barrel weapon material has promoted the improvement of equipment performance. The development of new gun-steel materials provides more choices for low-cost and high-performance barrel materials in China. The application of new high-strength and light-weight materials, such as high-strength titanium alloy、 aluminum alloy and magnesium alloy, provides basic support for light-weight of equipment and improves the battlefield adaptability of equipment in combat. Progress in high-strength winding carbon fiber material technology has laid foundation for its application in barrel weapon equipment and gradually expands the scope and depth of application.

This report analyzes gap between domestic and foreign technology development and puts forward the development trend and countermeasures of barrel weapon materials and manufacturing technology based on present research of domestic.

First of all, domestic research and development status are summarized from three aspects: application of new materials、 advanced manufacturing and advanced technology. China has made great achievements in application of new gun-steel materials、 new processing and manufacturing technology、 light materials and processing and manufacturing of key parts of barrel weapons, which greatly supports the performance improvement of key types of barrel weapons and equipments in China.

Secondly, research and development of new gun-steel materials between domestic and foreign, gaps between barrel weapon manufacturing technology and application of key technology are compared and analyzed. Basic mechanical properties of gun-steel materials are at the same level, but there are big gaps in manufacturing accuracy、 process stability and process maturity. Some key equipments are even still using the technology and process of Soviet-Union. These leads to gaps in barrel weapon equipment's reliability、shooting accuracy and other key indicators between domestic and foreign similar products. There is still much room for improvement in manufacture and technology of barrel weapons.

Finally, based on development requirements of materials and manufacturing technology for performance improvement of barrel weapon equipment, this report puts forward the development trend and countermeasures of key technologies, such as High-temperature & High-strength and anti-ablation materials、composite barrel manufacturing、inner bore strengthening process、new processing methods、intelligent manufacturing and big data.

索 引